特高压交流输变电工程安全生产法律法规摘编及典型违章示例

TEGAOYA JIAOLIU SHUBIANDIAN GONGCHENG
ANQUAN SHENGCHAN FALV FAGUI ZHAIBIAN
JI DIANXING WEIZHANG SHILI

国家电网有限公司交流建设分公司　组编

内 容 提 要

本书包括法律法规摘编和特高压交流输变电工程典型违章示例两部分内容。摘编过程中梳理了国内现行的安全生产有关的法律法规、规章制度文件，梳理出适用于特高压交流输变电工程的条款，收集并整理了特高压交流输变电工程典型违章，典型违章尽可能采用图文并茂表述方式。

本书可供从事特高压交流输变电工程建设管理的业主、监理、施工等单位安全专业人员学习、培训使用，也可供其他电压等级输变电工程的管理人员使用。

图书在版编目（CIP）数据

特高压交流输变电工程安全生产法律法规摘编及典型违章示例 / 国家电网有限公司交流建设分公司组编. —北京：中国电力出版社，2019.11

ISBN 978-7-5198-3278-0

Ⅰ. ①特…　Ⅱ. ①国…　Ⅲ. ①特高压输电–交流输电–电力工程–安全生产–安全法规–中国　Ⅳ. ①D922.54

中国版本图书馆 CIP 数据核字（2019）第 277045 号

出版发行：中国电力出版社
地　　址：北京市东城区北京站西街 19 号（邮政编码 100005）
网　　址：http://www.cepp.sgcc.com.cn
责任编辑：刘丽平（010-63412342）
责任校对：黄　蓓　常燕昆
装帧设计：赵姗姗
责任印制：石　雷

印　　刷：三河市万龙印装有限公司
版　　次：2019 年 12 月第一版
印　　次：2019 年 12 月北京第一次印刷
开　　本：787 毫米×1092 毫米　16 开本
印　　张：14.5
字　　数：322 千字
印　　数：0001—1000 册
定　　价：86.00 元

审查委员会

主　任　石华军　刘　博

副主任　黄　强　刘金柱　宋继明　毛继兵　张亚鹏　史更林
苏秀成

成　员　李　伟　董四清　魏志宏　肖　健　刘洪涛　魏金祥
李　波　陈　凯　梅传鹏　张　宁　王　艳　熊织明
张　智　李媛媛　徐国庆　肖　峰　倪向萍　杨怀伟
张　慧　刘　波　况月明　阎国增　马卫华

编写工作组

组　长　张亚鹏

成　员　魏志宏　徐国庆　侯纪勇　王志强　王　鹏　金瑞明
程小州　陈　凯　刘　振　彭　旺　张　宁　刘　波
马卫华　熊　焘　葛江北　刘振涛　王曦辰　杨怀伟
张尔乐　叶　松　李国满　王俊峰　黄文韬　陈华治
罗本壁　苗峰显　宗海迥　王振明　王小松　杨　山
殷小祥　蔡刘露　王鹏亮　吴昊亭　师俊杰　潘宏承
范继中　付宝良　罗兆楠　周万骏　李盈盈　王天宇
方　伟　陆　磊　刘建楠　汪　通　许　瑜　张崇涛
赵　倩　谌柳明　江海涛　夏　伟　周振洲　刘　鑫

前言

Preface

特高压交流输变电工程参建人员流动性大，对安全管理造成一定挑战，扎实落实安全管理要求存在一定困难，对参建人员的安全培训工作存在不到位、培训效果不佳的情况，其中的一个重要原因是适合特高压交流输变电工程特点的安全培训教材较少。为此，国家电网有限公司交流建设分公司在总结以往培训经验的基础上，组织编写了《特高压交流输变电工程安全生产法律法规摘编及典型违章示例》一书。

本书包括法律法规摘编和特高压交流输变电工程典型违章示例两部分内容。摘编过程中梳理了国内现行的安全生产有关法律法规、规章制度文件，梳理出适用于特高压交流输变电工程的条款，收集并整理了特高压交流输变电工程典型违章，典型违章采用图文并茂的表述方式。

本书可供从事特高压交流输变电工程建设管理的业主、监理、施工等单位安全专业人员学习、培训使用，也可供其他电压等级输变电工程的管理人员参考。

由于编者水平所限，书中内容难免存在不足和疏漏之处，敬请广大读者批评指正。

编　者

2019 年 12 月

目录

Contents

前言

第一篇　法律法规摘编

第二篇　典型违章示例

第一篇

法律法规摘编

第一章　中华人民共和国宪法

中华人民共和国宪法是中华人民共和国全国人民代表大会制定和颁布的国家根本大法。规定国家的根本制度和根本任务、公民的基本权利和义务、国家机构的组织原则和职权。宪法具有最高的法律效力，一切法律、法规都必须依据宪法，都不得同宪法相抵触。

《中华人民共和国宪法》是中华人民共和国的根本大法，规定拥有最高法律效力。中华人民共和国成立后，曾于1954年9月20日、1975年1月17日、1978年3月5日和1982年12月4日通过四个宪法。

现行宪法为1982年宪法，并历经1988年、1993年、1999年、2004年、2018年五次修订。

第一节　总　纲

第十四条　国家通过提高劳动者的积极性和技术水平，推广先进的科学技术，完善经济管理体制和企业经营管理制度，实行各种形式的社会主义责任制，改进劳动组织，以不断提高劳动生产率和经济效益，发展社会生产力。

第二十六条　国家保护和改善生活环境和生态环境，防治污染和其他公害。

国家组织和鼓励植树造林，保护林木。

第二节　权利与义务

第四十二条　中华人民共和国公民有劳动的权利和义务。

国家通过各种途径，创造劳动就业条件，加强劳动保护，改善劳动条件，并在发展生产的基础上，提高劳动报酬和福利待遇。

劳动是一切有劳动能力的公民的光荣职责。国有企业和城乡集体经济组织的劳动者都应当以国家主人翁的态度对待自己的劳动。国家提倡社会主义劳动竞赛，奖励劳动模范和先进工作者。国家提倡公民从事义务劳动。

国家对就业前的公民进行必要的劳动就业训练。

第四十三条　中华人民共和国劳动者有休息的权利。

国家发展劳动者休息和休养的设施，规定职工的工作时间和休假制度。

第二章　中华人民共和国刑法

导读：《中华人民共和国刑法》由1979年7月1日第五届全国人民代表大会第二次会议通过，1979年7月6日全国人民代表大会常务委员会委员长令第五号公布，自1980年1月1日起施行，最新修订时间是2017年11月4日，共十章四百五十二条。本书主要摘录与工程建设有关的危害公共安全（安全驾驶类、安全责任事故类、重大责任事故罪、工程重大安全事故罪、重大劳动安全事故罪、危险物品肇事罪、消防责任事故罪及不报、谎报安全事故罪）和扰乱公共秩序方面（拒不履行信息网络安全管理义务罪）的内容。

第一节　危害公共安全

第一百三十三条【交通肇事罪】违反交通运输管理法规，因而发生重大事故，致人重伤、死亡或者使公私财产遭受重大损失的，处三年以下有期徒刑或者拘役；交通运输肇事后逃逸或者有其他特别恶劣情节的，处三年以上七年以下有期徒刑；因逃逸致人死亡的，处七年以上有期徒刑。

第一百三十三条之一【危险驾驶罪】在道路上驾驶机动车，有下列情形之一的，处拘役，并处罚金：

（一）追逐竞驶，情节恶劣的；

（二）醉酒驾驶机动车的；

（三）从事校车业务或者旅客运输，严重超过额定乘员载客，或者严重超过规定时速行驶的；

（四）违反危险化学品安全管理规定运输危险化学品，危及公共安全的。

机动车所有人、管理人对前款第三项、第四项行为负有直接责任的，依照前款的规定处罚。

有前两款行为，同时构成其他犯罪的，依照处罚较重的规定定罪处罚。

第一百三十四条【重大责任事故罪】在生产、作业中违反有关安全管理的规定，因而发生重大伤亡事故或者造成其他严重后果的，处三年以下有期徒刑或者拘役；情节特别恶劣的，处三年以上七年以下有期徒刑。强令他人违章冒险作业，因而发生重大伤亡事故或者造成其他严重后果的，处五年以下有期徒刑或者拘役；情节特别恶劣的，处五年以上有期徒刑。

第一百三十五条【重大劳动安全事故罪】安全生产设施或者安全生产条件不符合国

家规定，因而发生重大伤亡事故或者造成其他严重后果的，对直接负责的主管人员和其他直接责任人员，处三年以下有期徒刑或者拘役；情节特别恶劣的，处三年以上七年以下有期徒刑。

第一百三十六条【危险物品肇事罪】违反爆炸性、易燃性、放射性、毒害性、腐蚀性物品的管理规定，在生产、储存、运输、使用中发生重大事故，造成严重后果的，处三年以下有期徒刑或者拘役；后果特别严重的，处三年以上七年以下有期徒刑。

第一百三十七条【工程重大安全事故罪】建设单位、设计单位、施工单位、工程监理单位违反国家规定，降低工程质量标准，造成重大安全事故的，对直接责任人员，处五年以下有期徒刑或者拘役，并处罚金；后果特别严重的，处五年以上十年以下有期徒刑，并处罚金。

第一百三十九条【消防责任事故罪】违反消防管理法规，经消防监督机构通知采取改正措施而拒绝执行，造成严重后果的，对直接责任人员，处三年以下有期徒刑或者拘役；后果特别严重的，处三年以上七年以下有期徒刑。

第一百三十九条之一【不报、谎报安全事故罪】在安全事故发生后，负有报告职责的人员不报或者谎报事故情况，贻误事故抢救，情节严重的，处三年以下有期徒刑或者拘役；情节特别严重的，处三年以上七年以下有期徒刑。

第二节 扰乱公共秩序

第二百八十六条之一【拒不履行信息网络安全管理义务罪】网络服务提供者不履行法律、行政法规规定的信息网络安全管理义务，经监管部门责令采取改正措施而拒不改正，有下列情形之一的，处三年以下有期徒刑、拘役或者管制，并处或者单处罚金：

（一）致使违法信息大量传播的；

（二）致使用户信息泄露，造成严重后果的；

（三）致使刑事案件证据灭失，情节严重的；

（四）有其他严重情节的。

单位犯前款罪的，对单位判处罚金，并对其直接负责的主管人员和其他直接责任人员依照前款的规定处罚。

有前两款行为，同时构成其他犯罪的，依照处罚较重的规定定罪处罚。

第三章　中华人民共和国劳动法

导读：《中华人民共和国劳动法》于1994年7月5日第八届全国人民代表大会常务委员会第八次会议通过，自1995年1月1日起施行。根据2009年8月27日第十一届全国人民代表大会常务委员会第十次会议《关于修改部分法律的决定》第一次修正。根据2018年12月29日第十三届全国人民代表大会常务委员会第七次会议《关于修改〈中华人民共和国劳动法〉等七部法律的决定》第二次修正。

该法是为了保护劳动者的合法权益，调整劳动关系，促进经济发展和社会进步，建立和维护适应社会主义市场经济的劳动制度，共13章107条，主要内容包括促进就业、劳动合同和集体合同、工作时间和休息休假、工资、劳动安全卫生、女工和未成年工特殊保护、职业培训、社会保险和福利、劳动争议、监督检查、法律责任等。本书主要摘录与工程建设有关的包括工作时间和休息休假、工资、劳动安全卫生、女工和未成年工特殊保护、职业培训、社会保险和福利以及法律责任等方面的内容。

第一节　工作时间和休息休假

第三十六条　国家实行劳动者每日工作时间不超过八小时、平均每周工作时间不超过四十四小时的工时制度。

第三十七条　对实行计件工作的劳动者，用人单位应当根据本法第三十六条规定的工时制度合理确定其劳动定额和计件报酬标准。

第三十八条　用人单位应当保证劳动者每周至少休息一日。

第三十九条　企业因生产特点不能实行本法第三十六条、第三十八条规定的，经劳动行政部门批准，可以实行其他工作和休息办法。

第四十条　用人单位在下列节日期间应当依法安排劳动者休假：

（一）元旦；

（二）春节；

（三）国际劳动节；

（四）国庆节；

（五）法律、法规规定的其他休假节日。

第四十一条　用人单位由于生产经营需要，经与工会和劳动者协商后可以延长工作时间，一般每日不得超过一小时；因特殊原因需要延长工作时间的，在保障劳动者身体健康的条件下延长工作时间每日不得超过三小时，但是每月不得超过三十六小时。

第四十二条 有下列情形之一的，延长工作时间不受本法第四十一条规定的限制：

（一）发生自然灾害、事故或者因其他原因，威胁劳动者生命健康和财产安全，需要紧急处理的；

（二）生产设备、交通运输线路、公共设施发生故障，影响生产和公众利益，必须及时抢修的；

（三）法律、行政法规规定的其他情形。

第四十三条 用人单位不得违反本法规定延长劳动者的工作时间。

第四十四条 有下列情形之一的，用人单位应当按照下列标准支付高于劳动者正常工作时间工资的工资报酬：

（一）安排劳动者延长工作时间的，支付不低于工资的百分之一百五十的工资报酬；

（二）休息日安排劳动者工作又不能安排补休的，支付不低于工资的百分之二百的工资报酬；

（三）法定休假日安排劳动者工作的，支付不低于工资的百分之三百的工资报酬。

第四十五条 国家实行带薪年休假制度。

劳动者连续工作一年以上的，享受带薪年休假。具体办法由国务院规定。

第二节 工 资

第四十六条 工资分配应当遵循按劳分配原则，实行同工同酬。工资水平在经济发展的基础上逐步提高。国家对工资总量实行宏观调控。

第四十七条 用人单位根据本单位的生产经营特点和经济效益，依法自主确定本单位的工资分配方式和工资水平。

第四十八条 国家实行最低工资保障制度。最低工资的具体标准由省、自治区、直辖市人民政府规定，报国务院备案。

用人单位支付劳动者的工资不得低于当地最低工资标准。

第四十九条 确定和调整最低工资标准应当综合参考下列因素：

（一）劳动者本人及平均赡养人口的最低生活费用；

（二）社会平均工资水平；

（三）劳动生产率；

（四）就业状况；

（五）地区之间经济发展水平的差异。

第五十条 工资应当以货币形式按月支付给劳动者本人。不得克扣或者无故拖欠劳动者的工资。

第五十一条 劳动者在法定休假日和婚丧假期间以及依法参加社会活动期间，用人单位应当依法支付工资。

第三节　劳动安全卫生

第五十二条　用人单位必须建立健全劳动安全卫生制度，严格执行国家劳动安全卫生规程和标准，对劳动者进行劳动安全卫生教育，防止劳动过程中的事故，减少职业危害。

第五十三条　劳动安全卫生设施必须符合国家规定的标准。新建、改建、扩建工程的劳动安全卫生设施必须与主体工程同时设计、同时施工、同时投入生产和使用。

第五十四条　用人单位必须为劳动者提供符合国家规定的劳动安全卫生条件和必要的劳动防护用品，对从事有职业危害作业的劳动者应当定期进行健康检查。

第五十五条　从事特种作业的劳动者必须经过专门培训并取得特种作业资格。

第五十六条　劳动者在劳动过程中必须严格遵守安全操作规程。劳动者对用人单位管理人员违章指挥、强令冒险作业，有权拒绝执行；对危害生命安全和身体健康的行为，有权提出批评、检举和控告。

第五十七条　国家建立伤亡事故和职业病统计报告和处理制度。县级以上各级人民政府劳动行政部门、有关部门和用人单位应当依法对劳动者在劳动过程中发生的伤亡事故和劳动者的职业病状况进行统计、报告和处理。

第四节　女职工和未成年工特殊保护

第五十八条　国家对女职工和未成年工实行特殊劳动保护。未成年工是指年满十六周岁未满十八周岁的劳动者。

第五十九条　禁止安排女职工从事矿山井下、国家规定的第四级体力劳动强度的劳动和其他禁忌从事的劳动。

第六十条　不得安排女职工在经期从事高处、低温、冷水作业和国家规定的第三级体力劳动强度的劳动。

第六十一条　不得安排女职工在怀孕期间从事国家规定的第三级体力劳动强度的劳动和孕期禁忌从事的劳动。对怀孕七个月以上的女职工，不得安排其延长工作时间和夜班劳动。

第六十二条　女职工生育享受不少于九十天的产假。

第六十三条　不得安排女职工在哺乳未满一周岁的婴儿期间从事国家规定的第三级体力劳动强度的劳动和哺乳期禁忌从事的其他劳动，不得安排其延长工作时间和夜班劳动。

第六十四条　不得安排未成年工从事矿山井下、有毒有害、国家规定的第四级体力劳动强度的劳动和其他禁忌从事的劳动。

第六十五条　用人单位应当对未成年工定期进行健康检查。

第五节　职　业　培　训

第六十六条　国家通过各种途径，采取各种措施，发展职业培训事业，开发劳动者的职业技能，提高劳动者素质，增强劳动者的就业能力和工作能力。

第六十七条　各级人民政府应当把发展职业培训纳入社会经济发展的规划，鼓励和支持有条件的企业、事业组织、社会团体和个人进行各种形式的职业培训。

第六十八条　用人单位应当建立职业培训制度，按照国家规定提取和使用职业培训经费，根据本单位实际，有计划地对劳动者进行职业培训。从事技术工种的劳动者，上岗前必须经过培训。

第六十九条　国家确定职业分类，对规定的职业制定职业技能标准，实行职业资格证书制度，由经备案的考核鉴定机构负责对劳动者实施职业技能考核鉴定。

第六节　社会保险和福利

第七十条　国家发展社会保险事业，建立社会保险制度，设立社会保险基金，使劳动者在年老、患病、工伤、失业、生育等情况下获得帮助和补偿。

第七十一条　社会保险水平应当与社会经济发展水平和社会承受能力相适应。

第七十二条　社会保险基金按照保险类型确定资金来源，逐步实行社会统筹。用人单位和劳动者必须依法参加社会保险，缴纳社会保险费。

第七十三条　劳动者在下列情形下，依法享受社会保险待遇：

（一）退休；

（二）患病、负伤；

（三）因工伤残或者患职业病；

（四）失业；

（五）生育。

劳动者死亡后，其遗属依法享受遗属津贴。劳动者享受社会保险待遇的条件和标准由法律、法规规定。劳动者享受的社会保险金必须按时足额支付。

第七十四条　社会保险基金经办机构依照法律规定收支、管理和运营社会保险基金，并负有使社会保险基金保值增值的责任。社会保险基金监督机构依照法律规定，对社会保险基金的收支、管理和运营实施监督。社会保险基金经办机构和社会保险基金监督机构的设立和职能由法律规定。任何组织和个人不得挪用社会保险基金。

第七十五条　国家鼓励用人单位根据本单位实际情况为劳动者建立补充保险。国家提倡劳动者个人进行储蓄性保险。

第七十六条　国家发展社会福利事业，兴建公共福利设施，为劳动者休息、休养和疗养提供条件。用人单位应当创造条件，改善集体福利，提高劳动者的福利待遇。

第七节 劳 动 争 议

第七十七条 用人单位与劳动者发生劳动争议，当事人可以依法申请调解、仲裁、提起诉讼，也可以协商解决。调解原则适用于仲裁和诉讼程序。

第七十八条 解决劳动争议，应当根据合法、公正、及时处理的原则，依法维护劳动争议当事人的合法权益。

第七十九条 劳动争议发生后，当事人可以向本单位劳动争议调解委员会申请调解；调解不成，当事人一方要求仲裁的，可以向劳动争议仲裁委员会申请仲裁。当事人一方也可以直接向劳动争议仲裁委员会申请仲裁。对仲裁裁决不服的，可以向人民法院提起诉讼。

第八十条 在用人单位内，可以设立劳动争议调解委员会。劳动争议调解委员会由职工代表、用人单位代表和工会代表组成。劳动争议调解委员会主任由工会代表担任。劳动争议经调解达成协议的，当事人应当履行。

第八十一条 劳动争议仲裁委员会由劳动行政部门代表、同级工会代表、用人单位方面的代表组成。劳动争议仲裁委员会主任由劳动行政部门代表担任。

第八十二条 提出仲裁要求的一方应当自劳动争议发生之日起六十日内向劳动争议仲裁委员会提出书面申请。仲裁裁决一般应在收到仲裁申请的六十日内作出。对仲裁裁决无异议的，当事人必须履行。

第八十三条 劳动争议当事人对仲裁裁决不服的，可以自收到仲裁裁决书之日起十五日内向人民法院提起诉讼。一方当事人在法定期限内不起诉又不履行仲裁裁决的，另一方当事人可以申请人民法院强制执行。

第八十四条 因签订集体合同发生争议，当事人协商解决不成的，当地人民政府劳动行政部门可以组织有关各方协调处理。

因履行集体合同发生争议，当事人协商解决不成的，可以向劳动争议仲裁委员会申请仲裁；对仲裁裁决不服的，可以自收到仲裁裁决书之日起十五日内向人民法院提起诉讼。

第八节 法 律 责 任

第八十九条 用人单位制定的劳动规章制度违反法律、法规规定的，由劳动行政部门给予警告，责令改正；对劳动者造成损害的，应当承担赔偿责任。

第九十条 用人单位违反本法规定，延长劳动者工作时间的，由劳动行政部门给予警告，责令改正，并可以处以罚款。

第九十一条 用人单位有下列侵害劳动者合法权益情形之一的，由劳动行政部门责令支付劳动者的工资报酬、经济补偿，并可以责令支付赔偿金：

（一）克扣或者无故拖欠劳动者工资的；

（二）拒不支付劳动者延长工作时间工资报酬的；

（三）低于当地最低工资标准支付劳动者工资的；

（四）解除劳动合同后，未依照本法规定给予劳动者经济补偿的。

第九十二条　用人单位的劳动安全设施和劳动卫生条件不符合国家规定或者未向劳动者提供必要的劳动防护用品和劳动保护设施的，由劳动行政部门或者有关部门责令改正，可以处以罚款；情节严重的，提请县级以上人民政府决定责令停产整顿；对事故隐患不采取措施，致使发生重大事故，造成劳动者生命和财产损失的，对责任人员依照刑法有关规定追究刑事责任。

第九十三条　用人单位强令劳动者违章冒险作业，发生重大伤亡事故，造成严重后果的，对责任人员依法追究刑事责任。

第九十四条　用人单位非法招用未满十六周岁的未成年人的，由劳动行政部门责令改正，处以罚款；情节严重的，由市场监督管理部门吊销营业执照。

第九十五条　用人单位违反本法对女职工和未成年工的保护规定，侵害其合法权益的，由劳动行政部门责令改正，处以罚款；对女职工或者未成年工造成损害的，应当承担赔偿责任。

第九十六条　用人单位有下列行为之一，由公安机关对责任人员处以十五日以下拘留、罚款或者警告；构成犯罪的，对责任人员依法追究刑事责任：

（一）以暴力、威胁或者非法限制人身自由的手段强迫劳动的；

（二）侮辱、体罚、殴打、非法搜查和拘禁劳动者的。

第九十七条　由于用人单位的原因订立的无效合同，对劳动者造成损害的，应当承担赔偿责任。

第九十八条　用人单位违反本法规定的条件解除劳动合同或者故意拖延不订立劳动合同的，由劳动行政部门责令改正；对劳动者造成损害的，应当承担赔偿责任。

第九十九条　用人单位招用尚未解除劳动合同的劳动者，对原用人单位造成经济损失的，该用人单位应当依法承担连带赔偿责任。

第一百条　用人单位无故不缴纳社会保险费的，由劳动行政部门责令其限期缴纳；逾期不缴的，可以加收滞纳金。

第一百零一条　用人单位无理阻挠劳动行政部门、有关部门及其工作人员行使监督检查权，打击报复举报人员的，由劳动行政部门或者有关部门处以罚款；构成犯罪的，对责任人员依法追究刑事责任。

第一百零二条　劳动者违反本法规定的条件解除劳动合同或者违反劳动合同中约定的保密事项，对用人单位造成经济损失的，应当依法承担赔偿责任。

第一百零三条　劳动行政部门或者有关部门的工作人员滥用职权、玩忽职守、徇私舞弊，构成犯罪的，依法追究刑事责任；不构成犯罪的，给予行政处分。

第一百零四条　国家工作人员和社会保险基金经办机构的工作人员挪用社会保险基金，构成犯罪的，依法追究刑事责任。

第一百零五条　违反本法规定侵害劳动者合法权益，其他法律、行政法规已规定处罚的，依照该法律、行政法规的规定处罚。

第四章　中华人民共和国安全生产法

导读：《中华人民共和国安全生产法》于 2014 年 8 月 31 日经第十二届全国人大常委会第 10 次会议审议通过，自 2014 年 12 月 1 日起正式施行，是安全生产领域的综合性、基础性法律。《中华人民共和国安全生产法》明确安全生产工作应当以人为本，坚持安全发展，坚持安全第一、预防为主、综合治理的方针，强化安全生产工作定位、落实生产经营单位主体责任，加强政府安全监管和强化安全生产责任追究四个方面的内容，共 7 章 114 条。本书主要摘录了与工程建设管理有关的生产经营单位的安全职责、从业人员的安全生产权利义务、安全生产的监督管理、生产安全事故的应急救援与调查处理、法律责任等方面内容。

第一节　生产经营单位的安全职责

第四条　生产经营单位必须遵守本法和其他有关安全生产的法律、法规，加强安全生产管理，建立健全安全生产责任制和安全生产规章制度，改善安全生产条件，推进安全生产标准化建设，提高安全生产水平，确保安全生产。

第五条　生产经营单位的主要负责人对本单位的安全生产工作全面负责。

第六条　生产经营单位的从业人员有依法获得安全生产保障的权利，并应当依法履行安全生产方面的义务。

第七条　工会依法对安全生产工作进行监督。生产经营单位的工会依法组织职工参加本单位安全生产工作的民主管理和民主监督，维护职工在安全生产方面的合法权益。生产经营单位制定或者修改有关安全生产的规章制度，应当听取工会的意见。

第十三条　依法设立的为安全生产提供技术、管理服务的机构，依照法律、行政法规和执业准则，接受生产经营单位的委托为其安全生产工作提供技术、管理服务。

生产经营单位委托前款规定的机构提供安全生产技术、管理服务的，保证安全生产的责任仍由本单位负责。

第十七条　生产经营单位应当具备本法和有关法律、行政法规和国家标准或者行业标准规定的安全生产条件；不具备安全生产条件的，不得从事生产经营活动。

第十八条　生产经营单位的主要负责人对本单位安全生产工作负有下列职责：

（一）建立、健全本单位安全生产责任制；

（二）组织制定本单位安全生产规章制度和操作规程；

（三）保证本单位安全生产投入的有效实施；

（四）督促、检查本单位的安全生产工作，及时消除生产安全事故隐患；

（五）组织制定并实施本单位的生产安全事故应急救援预案；

（六）及时、如实报告生产安全事故；

（七）组织制定并实施本单位安全生产教育和培训计划。

第十九条 生产经营单位的安全生产责任制应当明确各岗位的责任人员、责任范围和考核标准等内容。

生产经营单位应当建立相应的机制，加强对安全生产责任制落实情况的监督考核，保证安全生产责任制的落实。

第二十条 生产经营单位应当具备的安全生产条件所必需的资金投入，由生产经营单位的决策机构、主要负责人或者个人经营的投资人予以保证，并对由于安全生产所必需的资金投入不足导致的后果承担责任。

有关生产经营单位应当按照规定提取和使用安全生产费用，专门用于改善安全生产条件。安全生产费用在成本中据实列支。安全生产费用提取、使用和监督管理的具体办法由国务院财政部门会同国务院安全生产监督管理部门征求国务院有关部门意见后制定。

第二十一条 矿山、金属冶炼、建筑施工、道路运输单位和危险物品的生产、经营、储存单位，应当设置安全生产管理机构或者配备专职安全生产管理人员。

前款规定以外的其他生产经营单位，从业人员超过一百人的，应当设置安全生产管理机构或者配备专职安全生产管理人员；从业人员在一百人以下的，应当配备专职或者兼职的安全生产管理人员。

第二十二条 生产经营单位的安全生产管理机构以及安全生产管理人员履行下列职责：

（一）组织或者参与拟订本单位安全生产规章制度、操作规程和生产安全事故应急救援预案；

（二）组织或者参与本单位安全生产教育和培训，如实记录安全生产教育和培训情况；

（三）督促落实本单位重大危险源的安全管理措施；

（四）组织或者参与本单位应急救援演练；

（五）检查本单位的安全生产状况，及时排查生产安全事故隐患，提出改进安全生产管理的建议；

（六）制止和纠正违章指挥、强令冒险作业、违反操作规程的行为；

（七）督促落实本单位安全生产整改措施。

第二十三条 生产经营单位的安全生产管理机构以及安全生产管理人员应当恪尽职守，依法履行职责。

生产经营单位作出涉及安全生产的经营决策，应当听取安全生产管理机构以及安全生产管理人员的意见。

生产经营单位不得因安全生产管理人员依法履行职责而降低其工资、福利等待遇或

者解除与其订立的劳动合同。

危险物品的生产、储存单位以及矿山、金属冶炼单位的安全生产管理人员的任免，应当告知主管的负有安全生产监督管理职责的部门。

第二十四条 生产经营单位的主要负责人和安全生产管理人员必须具备与本单位所从事的生产经营活动相应的安全生产知识和管理能力。

危险物品的生产、经营、储存单位以及矿山、金属冶炼、建筑施工、道路运输单位的主要负责人和安全生产管理人员，应当由主管的负有安全生产监督管理职责的部门对其安全生产知识和管理能力考核合格。考核不得收费。

危险物品的生产、储存单位以及矿山、金属冶炼单位应当有注册安全工程师从事安全生产管理工作。鼓励其他生产经营单位聘用注册安全工程师从事安全生产管理工作。注册安全工程师按专业分类管理，具体办法由国务院人力资源和社会保障部门、国务院安全生产监督管理部门会同国务院有关部门制定。

第二十五条 生产经营单位应当对从业人员进行安全生产教育和培训，保证从业人员具备必要的安全生产知识，熟悉有关的安全生产规章制度和安全操作规程，掌握本岗位的安全操作技能，了解事故应急处理措施，知悉自身在安全生产方面的权利和义务。未经安全生产教育和培训合格的从业人员不得上岗作业。

生产经营单位使用被派遣劳动者的，应当将被派遣劳动者纳入本单位从业人员统一管理，对被派遣劳动者进行岗位安全操作规程和安全操作技能的教育和培训。劳务派遣单位应当对被派遣劳动者进行必要的安全生产教育和培训。

生产经营单位接收中等职业学校、高等学校学生实习的，应当对实习学生进行相应的安全生产教育和培训，提供必要的劳动防护用品。学校应当协助生产经营单位对实习学生进行安全生产教育和培训。

生产经营单位应当建立安全生产教育和培训档案，如实记录安全生产教育和培训的时间、内容、参加人员以及考核结果等情况。

第二十六条 生产经营单位采用新工艺、新技术、新材料或者使用新设备，必须了解、掌握其安全技术特性，采取有效的安全防护措施，并对从业人员进行专门的安全生产教育和培训。

第二十七条 生产经营单位的特种作业人员必须按照国家有关规定经专门的安全作业培训，取得相应资格，方可上岗作业。特种作业人员的范围由国务院安全生产监督管理部门会同国务院有关部门确定。

第二十八条 生产经营单位新建、改建、扩建工程项目（以下统称建设项目）的安全设施必须与主体工程同时设计、同时施工、同时投入生产和使用。安全设施投资应当纳入建设项目概算。

第三十条 建设项目安全设施的设计人、设计单位应当对安全设施设计负责。矿山、金属冶炼建设项目和用于生产、储存、装卸危险物品的建设项目的安全设施设计应当按照国家有关规定报经有关部门审查，审查部门及其负责审查的人员对审查结果负责。

第三十二条 生产经营单位应当在有较大危险因素的生产经营场所和有关设施、设备上，设置明显的安全警示标志。

第三十三条　安全设备的设计、制造、安装、使用、检测、维修、改造和报废，应当符合国家标准或者行业标准。

生产经营单位必须对安全设备进行经常性维护、保养，并定期检测，保证正常运转。维护、保养、检测应当做好记录，并由有关人员签字。

第三十四条　生产经营单位使用的危险物品的容器、运输工具，以及涉及人身安全、危险性较大的海洋石油开采特种设备和矿山井下特种设备，必须按照国家有关规定，由专业生产单位生产，并经具有专业资质的检测、检验机构检测、检验合格，取得安全使用证或者安全标志，方可投入使用。检测、检验机构对检测、检验结果负责。

第三十五条　国家对严重危及生产安全的工艺、设备实行淘汰制度，具体目录由国务院安全生产监督管理部门会同国务院有关部门制定并公布。法律、行政法规对目录的制定另有规定的，适用其规定。

省、自治区、直辖市人民政府可以根据本地区实际情况制定并公布具体目录，对前款规定以外的危及生产安全的工艺、设备予以淘汰。

生产经营单位不得使用应当淘汰的危及生产安全的工艺、设备。

第三十六条　生产、经营、运输、储存、使用危险物品或者处置废弃危险物品的，由有关主管部门依照有关法律、法规的规定和国家标准或者行业标准审批并实施监督管理。

生产经营单位生产、经营、运输、储存、使用危险物品或者处置废弃危险物品，必须执行有关法律、法规和国家标准或者行业标准，建立专门的安全管理制度，采取可靠的安全措施，接受有关主管部门依法实施的监督管理。

第三十七条　生产经营单位对重大危险源应当登记建档，进行定期检测、评估、监控，并制定应急预案，告知从业人员和相关人员在紧急情况下应当采取的应急措施。

生产经营单位应当按照国家有关规定将本单位重大危险源及有关安全措施、应急措施报有关地方人民政府安全生产监督管理部门和有关部门备案。

第三十八条　生产经营单位应当建立健全生产安全事故隐患排查治理制度，采取技术、管理措施，及时发现并消除事故隐患。事故隐患排查治理情况应当如实记录，并向从业人员通报。

县级以上地方各级人民政府负有安全生产监督管理职责的部门应当建立健全重大事故隐患治理督办制度，督促生产经营单位消除重大事故隐患。

第三十九条　生产、经营、储存、使用危险物品的车间、商店、仓库不得与员工宿舍在同一座建筑物内，并应当与员工宿舍保持安全距离。

生产经营场所和员工宿舍应当设有符合紧急疏散要求、标志明显、保持畅通的出口。禁止锁闭、封堵生产经营场所或者员工宿舍的出口。

第四十条　生产经营单位进行爆破、吊装以及国务院安全生产监督管理部门会同国务院有关部门规定的其他危险作业，应当安排专门人员进行现场安全管理，确保操作规程的遵守和安全措施的落实。

第四十一条　生产经营单位应当教育和督促从业人员严格执行本单位的安全生产规章制度和安全操作规程，并向从业人员如实告知作业场所和工作岗位存在的危险因素、防范措施及事故应急措施。

第四十二条　生产经营单位必须为从业人员提供符合国家标准或者行业标准的劳动防护用品，并监督、教育从业人员按照使用规则佩戴、使用。

第四十三条　生产经营单位的安全生产管理人员应当根据本单位的生产经营特点，对安全生产状况进行经常性检查；对检查中发现的安全问题，应当立即处理；不能处理的，应当及时报告本单位有关负责人，有关负责人应当及时处理。检查及处理情况应当如实记录在案。

生产经营单位的安全生产管理人员在检查中发现重大事故隐患，依照前款规定向本单位有关负责人报告，有关负责人不及时处理的，安全生产管理人员可以向主管的负有安全生产监督管理职责的部门报告，接到报告的部门应当依法及时处理。

第四十四条　生产经营单位应当安排用于配备劳动防护用品、进行安全生产培训的经费。

第四十五条　两个以上生产经营单位在同一作业区域内进行生产经营活动，可能危及对方生产安全的，应当签订安全生产管理协议，明确各自的安全生产管理职责和应当采取的安全措施，并指定专职安全生产管理人员进行安全检查与协调。

第四十六条　生产经营单位不得将生产经营项目、场所、设备发包或者出租给不具备安全生产条件或者相应资质的单位或者个人。

生产经营项目、场所发包或者出租给其他单位的，生产经营单位应当与承包单位、承租单位签订专门的安全生产管理协议，或者在承包合同、租赁合同中约定各自的安全生产管理职责；生产经营单位对承包单位、承租单位的安全生产工作统一协调、管理，定期进行安全检查，发现安全问题的，应当及时督促整改。

第四十七条　生产经营单位发生生产安全事故时，单位的主要负责人应当立即组织抢救，并不得在事故调查处理期间擅离职守。

第四十八条　生产经营单位必须依法参加工伤保险，为从业人员缴纳保险费。国家鼓励生产经营单位投保安全生产责任保险。

第二节　从业人员的安全生产权利义务

第四十九条　生产经营单位与从业人员订立的劳动合同，应当载明有关保障从业人员劳动安全、防止职业危害的事项，以及依法为从业人员办理工伤保险的事项。

生产经营单位不得以任何形式与从业人员订立协议，免除或者减轻其对从业人员因生产安全事故伤亡依法应承担的责任。

第五十条　生产经营单位的从业人员有权了解其作业场所和工作岗位存在的危险因素、防范措施及事故应急措施，有权对本单位的安全生产工作提出建议。

第五十一条　从业人员有权对本单位安全生产工作中存在的问题提出批评、检举、控告，有权拒绝违章指挥和强令冒险作业。

生产经营单位不得因从业人员对本单位安全生产工作提出批评、检举、控告或者拒绝违章指挥、强令冒险作业而降低其工资、福利等待遇或者解除与其订立的劳动合同。

第五十二条 从业人员发现直接危及人身安全的紧急情况时，有权停止作业或者在采取可能的应急措施后撤离作业场所。

生产经营单位不得因从业人员在前款紧急情况下停止作业或者采取紧急撤离措施而降低其工资、福利等待遇或者解除与其订立的劳动合同。

第五十三条 因生产安全事故受到损害的从业人员，除依法享有工伤保险外，依照有关民事法律尚有获得赔偿权利的，有权向本单位提出赔偿要求。

第五十四条 从业人员在作业过程中，应当严格遵守本单位的安全生产规章制度和操作规程，服从管理，正确佩戴和使用劳动防护用品。

第五十五条 从业人员应当接受安全生产教育和培训，掌握本职工作所需的安全生产知识，提高安全生产技能，增强事故预防和应急处理能力。

第五十六条 从业人员发现事故隐患或者其他不安全因素，应当立即向现场安全生产管理人员或者本单位负责人报告；接到报告的人员应当及时予以处理。

第五十七条 工会有权对建设项目的安全设施与主体工程同时设计、同时施工、同时投入生产和使用进行监督，提出意见。

工会对生产经营单位违反安全生产法律、法规，侵犯从业人员合法权益的行为，有权要求纠正；发现生产经营单位违章指挥、强令冒险作业或者发现事故隐患时，有权提出解决的建议，生产经营单位应当及时研究答复；发现危及从业人员生命安全的情况时，有权向生产经营单位建议组织从业人员撤离危险场所，生产经营单位必须立即作出处理。

工会有权依法参加事故调查，向有关部门提出处理意见，并要求追究有关人员的责任。

第五十八条 生产经营单位使用被派遣劳动者的，被派遣劳动者享有本法规定的从业人员的权利，并应当履行本法规定的从业人员的义务。

第三节 生产安全事故的应急救援与调查处理

第七十八条 生产经营单位应当制定本单位生产安全事故应急救援预案，与所在地县级以上地方人民政府组织制定的生产安全事故应急救援预案相衔接，并定期组织演练。

第八十条 生产经营单位发生生产安全事故后，事故现场有关人员应当立即报告本单位负责人。

单位负责人接到事故报告后，应当迅速采取有效措施，组织抢救，防止事故扩大，减少人员伤亡和财产损失，并按照国家有关规定立即如实报告当地负有安全生产监督管理职责的部门，不得隐瞒不报、谎报或者迟报，不得故意破坏事故现场、毁灭有关证据。

第八十三条　事故调查处理应当按照科学严谨、依法依规、实事求是、注重实效的原则，及时、准确地查清事故原因，查明事故性质和责任，总结事故教训，提出整改措施，并对事故责任者提出处理意见。事故调查报告应当依法及时向社会公布。事故调查和处理的具体办法由国务院制定。

事故发生单位应当及时全面落实整改措施，负有安全生产监督管理职责的部门应当加强监督检查。

第八十四条　生产经营单位发生生产安全事故，经调查确定为责任事故的，除了应当查明事故单位的责任并依法予以追究外，还应当查明对安全生产的有关事项负有审查批准和监督职责的行政部门的责任，对有失职、渎职行为的，依照本法第七十七条的规定追究法律责任。

第八十五条　任何单位和个人不得阻挠和干涉对事故的依法调查处理。

第四节　法　律　责　任

第九十条　生产经营单位的决策机构、主要负责人或者个人经营的投资人不依照本法规定保证安全生产所必需的资金投入，致使生产经营单位不具备安全生产条件的，责令限期改正，提供必需的资金；逾期未改正的，责令生产经营单位停产停业整顿。有前款违法行为，导致发生生产安全事故的，对生产经营单位的主要负责人给予撤职处分，对个人经营的投资人处二万元以上二十万元以下的罚款；构成犯罪的，依照刑法有关规定追究刑事责任。

第九十一条　生产经营单位的主要负责人未履行本法规定的安全生产管理职责的，责令限期改正；逾期未改正的，处二万元以上五万元以下的罚款，责令生产经营单位停产停业整顿。

生产经营单位的主要负责人有前款违法行为，导致发生生产安全事故的，给予撤职处分；构成犯罪的，依照刑法有关规定追究刑事责任。

生产经营单位的主要负责人依照前款规定受刑事处罚或者撤职处分的，自刑罚执行完毕或者受处分之日起，五年内不得担任任何生产经营单位的主要负责人；对重大、特别重大生产安全事故负有责任的，终身不得担任本行业生产经营单位的主要负责人。

第九十二条　生产经营单位的主要负责人未履行本法规定的安全生产管理职责，导致发生生产安全事故的，由安全生产监督管理部门依照下列规定处以罚款：

（一）发生一般事故的，处上一年年收入百分之三十的罚款；

（二）发生较大事故的，处上一年年收入百分之四十的罚款；

（三）发生重大事故的，处上一年年收入百分之六十的罚款；

（四）发生特别重大事故的，处上一年年收入百分之八十的罚款。

第九十三条　生产经营单位的安全生产管理人员未履行本法规定的安全生产管理职责的，责令限期改正；导致发生生产安全事故的，暂停或者撤销其与安全生产有关的资格；构成犯罪的，依照刑法有关规定追究刑事责任。

第九十四条 生产经营单位有下列行为之一的，责令限期改正，可以处五万元以下的罚款；逾期未改正的，责令停产停业整顿，并处五万元以上十万元以下的罚款，对其直接负责的主管人员和其他直接责任人员处一万元以上二万元以下的罚款：

（一）未按照规定设置安全生产管理机构或者配备安全生产管理人员的；

（二）危险物品的生产、经营、储存单位以及矿山、金属冶炼、建筑施工、道路运输单位的主要负责人和安全生产管理人员未按照规定经考核合格的；

（三）未按照规定对从业人员、被派遣劳动者、实习学生进行安全生产教育和培训，或者未按照规定如实告知有关的安全生产事项的；

（四）未如实记录安全生产教育和培训情况的；

（五）未将事故隐患排查治理情况如实记录或者未向从业人员通报的；

（六）未按照规定制定生产安全事故应急救援预案或者未定期组织演练的；

（七）特种作业人员未按照规定经专门的安全作业培训并取得相应资格，上岗作业的。

第九十五条 生产经营单位有下列行为之一的，责令停止建设或者停产停业整顿，限期改正；逾期未改正的，处五十万元以上一百万元以下的罚款，对其直接负责的主管人员和其他直接责任人员处二万元以上五万元以下的罚款；构成犯罪的，依照刑法有关规定追究刑事责任：

（一）未按照规定对矿山、金属冶炼建设项目或者用于生产、储存、装卸危险物品的建设项目进行安全评价的；

（二）矿山、金属冶炼建设项目或者用于生产、储存、装卸危险物品的建设项目没有安全设施设计或者安全设施设计未按照规定报经有关部门审查同意的；

（三）矿山、金属冶炼建设项目或者用于生产、储存、装卸危险物品的建设项目的施工单位未按照批准的安全设施设计施工的；

（四）矿山、金属冶炼建设项目或者用于生产、储存危险物品的建设项目竣工投入生产或者使用前，安全设施未经验收合格的。

第九十六条 生产经营单位有下列行为之一的，责令限期改正，可以处五万元以下的罚款；逾期未改正的，处五万元以上二十万元以下的罚款，对其直接负责的主管人员和其他直接责任人员处一万元以上二万元以下的罚款；情节严重的，责令停产停业整顿；构成犯罪的，依照刑法有关规定追究刑事责任：

（一）未在有较大危险因素的生产经营场所和有关设施、设备上设置明显的安全警示标志的；

（二）安全设备的安装、使用、检测、改造和报废不符合国家标准或者行业标准的；

（三）未对安全设备进行经常性维护、保养和定期检测的；

（四）未为从业人员提供符合国家标准或者行业标准的劳动防护用品的；

（五）危险物品的容器、运输工具，以及涉及人身安全、危险性较大的海洋石油开采特种设备和矿山井下特种设备未经具有专业资质的机构检测、检验合格，取得安全使用证或者安全标志，投入使用的；

（六）使用应当淘汰的危及生产安全的工艺、设备的。

第九十七条　未经依法批准，擅自生产、经营、运输、储存、使用危险物品或者处置废弃危险物品的，依照有关危险物品安全管理的法律、行政法规的规定予以处罚；构成犯罪的，依照刑法有关规定追究刑事责任。

第九十八条　生产经营单位有下列行为之一的，责令限期改正，可以处十万元以下的罚款；逾期未改正的，责令停产停业整顿，并处十万元以上二十万元以下的罚款，对其直接负责的主管人员和其他直接责任人员处二万元以上五万元以下的罚款；构成犯罪的，依照刑法有关规定追究刑事责任：

（一）生产、经营、运输、储存、使用危险物品或者处置废弃危险物品，未建立专门安全管理制度、未采取可靠的安全措施的；

（二）对重大危险源未登记建档，或者未进行评估、监控，或者未制定应急预案的；

（三）进行爆破、吊装以及国务院安全生产监督管理部门会同国务院有关部门规定的其他危险作业，未安排专门人员进行现场安全管理的；

（四）未建立事故隐患排查治理制度的。

第九十九条　生产经营单位未采取措施消除事故隐患的，责令立即消除或者限期消除；生产经营单位拒不执行的，责令停产停业整顿，并处十万元以上五十万元以下的罚款，对其直接负责的主管人员和其他直接责任人员处二万元以上五万元以下的罚款。

第一百条　生产经营单位将生产经营项目、场所、设备发包或者出租给不具备安全生产条件或者相应资质的单位或者个人的，责令限期改正，没收违法所得；违法所得十万元以上的，并处违法所得二倍以上五倍以下的罚款；没有违法所得或者违法所得不足十万元的，单处或者并处十万元以上二十万元以下的罚款；对其直接负责的主管人员和其他直接责任人员处一万元以上二万元以下的罚款；导致发生生产安全事故给他人造成损害的，与承包方、承租方承担连带赔偿责任。

生产经营单位未与承包单位、承租单位签订专门的安全生产管理协议或者未在承包合同、租赁合同中明确各自的安全生产管理职责，或者未对承包单位、承租单位的安全生产统一协调、管理的，责令限期改正，可以处五万元以下的罚款，对其直接负责的主管人员和其他直接责任人员可以处一万元以下的罚款；逾期未改正的，责令停产停业整顿。

第一百零一条　两个以上生产经营单位在同一作业区域内进行可能危及对方安全生产的生产经营活动，未签订安全生产管理协议或者未指定专职安全生产管理人员进行安全检查与协调的，责令限期改正，可以处五万元以下的罚款，对其直接负责的主管人员和其他直接责任人员可以处一万元以下的罚款；逾期未改正的，责令停产停业。

第一百零二条　生产经营单位有下列行为之一的，责令限期改正，可以处五万元以下的罚款，对其直接负责的主管人员和其他直接责任人员可以处一万元以下的罚款；逾期未改正的，责令停产停业整顿；构成犯罪的，依照刑法有关规定追究刑事责任：

（一）生产、经营、储存、使用危险物品的车间、商店、仓库与员工宿舍在同一座建筑内，或者与员工宿舍的距离不符合安全要求的；

（二）生产经营场所和员工宿舍未设有符合紧急疏散需要、标志明显、保持畅通的出口，或者锁闭、封堵生产经营场所或者员工宿舍出口的。

第一百零三条 生产经营单位与从业人员订立协议，免除或者减轻其对从业人员因生产安全事故伤亡依法应承担的责任的，该协议无效；对生产经营单位的主要负责人、个人经营的投资人处二万元以上十万元以下的罚款。

第一百零四条 生产经营单位的从业人员不服从管理，违反安全生产规章制度或者操作规程的，由生产经营单位给予批评教育，依照有关规章制度给予处分；构成犯罪的，依照刑法有关规定追究刑事责任。

第一百零五条 违反本法规定，生产经营单位拒绝、阻碍负有安全生产监督管理职责的部门依法实施监督检查的，责令改正；拒不改正的，处二万元以上二十万元以下的罚款；对其直接负责的主管人员和其他直接责任人员处一万元以上二万元以下的罚款；构成犯罪的，依照刑法有关规定追究刑事责任。

第一百零六条 生产经营单位的主要负责人在本单位发生生产安全事故时，不立即组织抢救或者在事故调查处理期间擅离职守或者逃匿的，给予降级、撤职的处分，并由安全生产监督管理部门处上一年年收入百分之六十至百分之一百的罚款；对逃匿的处十五日以下拘留；构成犯罪的，依照刑法有关规定追究刑事责任。生产经营单位的主要负责人对生产安全事故隐瞒不报、谎报或者迟报的，依照前款规定处罚。

第一百零八条 生产经营单位不具备本法和其他有关法律、行政法规和国家标准或者行业标准规定的安全生产条件，经停产停业整顿仍不具备安全生产条件的，予以关闭；有关部门应当依法吊销其有关证照。

第一百零九条 发生生产安全事故，对负有责任的生产经营单位除要求其依法承担相应的赔偿等责任外，由安全生产监督管理部门依照下列规定处以罚款：

（一）发生一般事故的，处二十万元以上五十万元以下的罚款；

（二）发生较大事故的，处五十万元以上一百万元以下的罚款；

（三）发生重大事故的，处一百万元以上五百万元以下的罚款；

（四）发生特别重大事故的，处五百万元以上一千万元以下的罚款；情节特别严重的，处一千万元以上二千万元以下的罚款。

第一百一十条 本法规定的行政处罚，由安全生产监督管理部门和其他负有安全生产监督管理职责的部门按照职责分工决定。予以关闭的行政处罚由负有安全生产监督管理职责的部门报请县级以上人民政府按照国务院规定的权限决定；给予拘留的行政处罚由公安机关依照治安管理处罚法的规定决定。

第一百一十一条 生产经营单位发生生产安全事故造成人员伤亡、他人财产损失的，应当依法承担赔偿责任；拒不承担或者其负责人逃匿的，由人民法院依法强制执行。

生产安全事故的责任人未依法承担赔偿责任，经人民法院依法采取执行措施后，仍不能对受害人给予足额赔偿的，应当继续履行赔偿义务；受害人发现责任人有其他财产的，可以随时请求人民法院执行。

第五章　中华人民共和国建筑法

导读：《中华人民共和国建筑法》经 1997 年 11 月 1 日第八届全国人民代表大会常务委员会第二十八次会议通过，根据 2011 年 4 月 22 日第十一届全国人民代表大会常务委员会第二十次会议《关于修改〈中华人民共和国建筑法〉的决定》第一次修正，根据 2019 年 4 月 23 日第十三届全国人民代表大会常务委员会第十次会议《关于修改〈中华人民共和国建筑法〉等八部法律的决定》第二次修正。《中华人民共和国建筑法》共计八章八十五条。本书主要摘录了与工程建设、设计、施工单位有关的管理要求。

第一节　建设单位安全生产管理要求

第四十条　建设单位应当向建筑施工企业提供与施工现场相关的地下管线资料，建筑施工企业应当采取措施加以保护。

第四十二条　有下列情形之一的，建设单位应当按照国家有关规定办理申请批准手续：

（一）需要临时占用规划批准范围以外场地的；

（二）可能损坏道路、管线、电力、邮电通讯等公共设施的；

（三）需要临时停水、停电、中断道路交通的；

（四）需要进行爆破作业的；

（五）法律、法规规定需要办理报批手续的其他情形。

第四十九条　涉及建筑主体和承重结构变动的装修工程，建设单位应当在施工前委托原设计单位或者具有相应资质条件的设计单位提出设计方案；没有设计方案的，不得施工。

第二节　设计单位安全生产管理要求

第三十七条　建筑工程设计应当符合按照国家规定制定的建筑安全规程和技术规范，保证工程的安全性能。

第三节　施工单位安全生产管理要求

第三十八条　建筑施工企业在编制施工组织设计时，应当根据建筑工程的特点制定相应的安全技术措施；对专业性较强的工程项目，应当编制专项安全施工组织设计，并采取安全技术措施。

第三十九条 建筑施工企业应当在施工现场采取维护安全、防范危险、预防火灾等措施；有条件的，应当对施工现场实行封闭管理。

施工现场对毗邻的建筑物、构筑物和特殊作业环境可能造成损害的，建筑施工企业应当采取安全防护措施。

第四十一条 建筑施工企业应当遵守有关环境保护和安全生产的法律、法规的规定，采取控制和处理施工现场的各种粉尘、废气、废水、固体废物以及噪声、振动对环境的污染和危害的措施。

第四十四条 建筑施工企业必须依法加强对建筑安全生产的管理，执行安全生产责任制度，采取有效措施，防止伤亡和其他安全生产事故的发生。

建筑施工企业的法定代表人对本企业的安全生产负责。

第四十五条 施工现场安全由建筑施工企业负责。实行施工总承包的，由总承包单位负责。分包单位向总承包单位负责，服从总承包单位对施工现场的安全生产管理。

第四十六条 建筑施工企业应当建立健全劳动安全生产教育培训制度，加强对职工安全生产的教育培训；未经安全生产教育培训的人员，不得上岗作业。

第四十七条 建筑施工企业和作业人员在施工过程中，应当遵守有关安全生产的法律、法规和建筑行业安全规章、规程，不得违章指挥或者违章作业。作业人员有权对影响人身健康的作业程序和作业条件提出改进意见，有权获得安全生产所需的防护用品。作业人员对危及生命安全和人身健康的行为有权提出批评、检举和控告。

第四十八条 建筑施工企业应当依法为职工参加工伤保险缴纳工伤保险费。鼓励企业为从事危险作业的职工办理意外伤害保险，支付保险费。

第五十条 房屋拆除应当由具备保证安全条件的建筑施工单位承担，由建筑施工单位负责人对安全负责。

第五十一条 施工中发生事故时，建筑施工企业应当采取紧急措施减少人员伤亡和事故损失，并按照国家有关规定及时向有关部门报告。

第六章　生产安全事故报告和调查处理条例

导读:《生产安全事故报告和调查处理条例》于 2007 年 3 月 28 日国务院第 172 次常务会议通过，自 2007 年 6 月 1 日起施行，共六章四十六条。旨在规范生产安全事故的报告和调查处理，落实生产安全事故责任追究制度，防止和减少生产安全事故。本章主要摘编事故报告的内容及时限、调查报告内容、事故处理相关条款。

第一节　事故报告的内容及时限

第四条　事故报告应当及时、准确、完整，任何单位和个人对事故不得迟报、漏报、谎报或者瞒报。事故调查处理应当坚持实事求是、尊重科学的原则，及时、准确地查清事故经过、事故原因和事故损失，查明事故性质，认定事故责任，总结事故教训，提出整改措施，并对事故责任者依法追究责任。

第九条　事故发生后，事故现场有关人员应当立即向本单位负责人报告；单位负责人接到报告后，应当于 1 小时内向事故发生地县级以上人民政府安全生产监督管理部门和负有安全生产监督管理职责的有关部门报告。情况紧急时，事故现场有关人员可以直接向事故发生地县级以上人民政府安全生产监督管理部门和负有安全生产监督管理职责的有关部门报告。

第十二条　报告事故应当包括下列内容：

（一）事故发生单位概况；

（二）事故发生的时间、地点以及事故现场情况；

（三）事故的简要经过；

（四）事故已经造成或者可能造成的伤亡人数（包括下落不明的人数）和初步估计的直接经济损失；

（五）已经采取的措施；

（六）其他应当报告的情况。

第十三条　事故报告后出现新情况的，应当及时补报。自事故发生之日起 30 日内，事故造成的伤亡人数发生变化的，应当及时补报。道路交通事故、火灾事故自发生之日起 7 日内，事故造成的伤亡人数发生变化的，应当及时补报。

第二节 调查报告内容

第二十九条 事故调查组应当自事故发生之日起 60 日内提交事故调查报告；特殊情况下，经负责事故调查的人民政府批准，提交事故调查报告的期限可以适当延长，但延长的期限最长不超过 60 日。

第三十条 事故调查报告应当包括下列内容：

（一）事故发生单位概况；

（二）事故发生经过和事故救援情况；

（三）事故造成的人员伤亡和直接经济损失；

（四）事故发生的原因和事故性质；

（五）事故责任的认定以及对事故责任者的处理建议；

（六）事故防范和整改措施。事故调查报告应当附具有关证据材料。

事故调查组成员应当在事故调查报告上签名。

第三十一条 事故调查报告报送负责事故调查的人民政府后，事故调查工作即告结束。事故调查的有关资料应当归档保存。

第三节 事故处理

第三十二条 重大事故、较大事故、一般事故，负责事故调查的人民政府应当自收到事故调查报告之日起 15 日内做出批复；特别重大事故，30 日内做出批复，特殊情况下，批复时间可以适当延长，但延长的时间最长不超过 30 日。有关机关应当按照人民政府的批复，依照法律、行政法规规定的权限和程序，对事故发生单位和有关人员进行行政处罚，对负有事故责任的国家工作人员进行处分。事故发生单位应当按照负责事故调查的人民政府的批复，对本单位负有事故责任的人员进行处理。负有事故责任的人员涉嫌犯罪的，依法追究刑事责任。

第三十三条 事故发生单位应当认真吸取事故教训，落实防范和整改措施，防止事故再次发生。防范和整改措施的落实情况应当接受工会和职工的监督。安全生产监督管理部门和负有安全生产监督管理职责的有关部门应当对事故发生单位落实防范和整改措施的情况进行监督检查。

第七章　建设工程安全生产管理条例

导读：《建设工程安全生产管理条例》根据《中华人民共和国建筑法》和《中华人民共和国安全生产法》制定，由国务院于2003年11月24日发布，自2004年2月1日起施行。《建设工程安全生产条例》共计八章七十一条，其目的是加强建设工程安全生产监督管理，保障人民群众生命和财产安全。本书主要摘录了工程建设、勘察设计、监理、施工单位的安全责任相关条款。

第一节　建设单位的安全责任

第六条　建设单位应当向施工单位提供施工现场及毗邻区域内供水、排水、供电、供气、供热、通信、广播电视等地下管线资料，气象和水文观测资料，相邻建筑物和构筑物、地下工程的有关资料，并保证资料的真实、准确、完整。

建设单位因建设工程需要，向有关部门或者单位查询前款规定的资料时，有关部门或者单位应当及时提供。

第七条　建设单位不得对勘察、设计、施工、工程监理等单位提出不符合建设工程安全生产法律、法规和强制性标准规定的要求，不得压缩合同约定的工期。

第八条　建设单位在编制工程概算时，应当确定建设工程安全作业环境及安全施工措施所需费用。

第九条　建设单位不得明示或者暗示施工单位购买、租赁、使用不符合安全施工要求的安全防护用具、机械设备、施工机具及配件、消防设施和器材。

第十条　建设单位在申请领取施工许可证时，应当提供建设工程有关安全施工措施的资料。

依法批准开工报告的建设工程，建设单位应当自开工报告批准之日起15日内，将保证安全施工的措施报送建设工程所在地的县级以上地方人民政府建设行政主管部门或者其他有关部门备案。

第十一条　建设单位应当将拆除工程发包给具有相应资质等级的施工单位。

建设单位应当在拆除工程施工15日前，将下列资料报送建设工程所在地的县级以上地方人民政府建设行政主管部门或者其他有关部门备案：

（一）施工单位资质等级证明；

（二）拟拆除建筑物、构筑物及可能危及毗邻建筑的说明；

（三）拆除施工组织方案；

（四）堆放、清除废弃物的措施。

实施爆破作业的，应当遵守国家有关民用爆炸物品管理的规定。

第二节 勘察单位的安全责任

第十二条 勘察单位应当按照法律、法规和工程建设强制性标准进行勘察，提供的勘察文件应当真实、准确，满足建设工程安全生产的需要。

勘察单位在勘察作业时，应当严格执行操作规程，采取措施保证各类管线、设施和周边建筑物、构筑物的安全。

第三节 设计单位的安全责任

第十三条 设计单位应当按照法律、法规和工程建设强制性标准进行设计，防止因设计不合理导致生产安全事故的发生。

设计单位应当考虑施工安全操作和防护的需要，对涉及施工安全的重点部位和环节在设计文件中注明，并对防范生产安全事故提出指导意见。

采用新结构、新材料、新工艺的建设工程和特殊结构的建设工程，设计单位应当在设计中提出保障施工作业人员安全和预防生产安全事故的措施建议。

设计单位和注册建筑师等注册执业人员应当对其设计负责。

第四节 监理单位的安全责任

第十四条 工程监理单位应当审查施工组织设计中的安全技术措施或者专项施工方案是否符合工程建设强制性标准。

工程监理单位在实施监理过程中，发现存在安全事故隐患的，应当要求施工单位整改；情况严重的，应当要求施工单位暂时停止施工，并及时报告建设单位。施工单位拒不整改或者不停止施工的，工程监理单位应当及时向有关主管部门报告。

工程监理单位和监理工程师应当按照法律、法规和工程建设强制性标准实施监理，并对建设工程安全生产承担监理责任。

第五节 施工单位的安全责任

第二十条 施工单位从事建设工程的新建、扩建、改建和拆除等活动，应当具备国家规定的注册资本、专业技术人员、技术装备和安全生产等条件，依法取得相应等级的资质证书，并在其资质等级许可的范围内承揽工程。

第二十一条 施工单位主要负责人依法对本单位的安全生产工作全面负责。施工单位应当建立健全安全生产责任制度和安全生产教育培训制度，制定安全生产规章制度和操作规程，保证本单位安全生产条件所需资金的投入，对所承担的建设工程进行定期和专项安全检查，并做好安全检查记录。

施工单位的项目负责人应当由取得相应执业资格的人员担任，对建设工程项目的安全施工负责，落实安全生产责任制度、安全生产规章制度和操作规程，确保安全生产费用的有效使用，并根据工程的特点组织制定安全施工措施，消除安全事故隐患，及时、如实报告生产安全事故。

第二十二条 施工单位对列入建设工程概算的安全作业环境及安全施工措施所需费用，应当用于施工安全防护用具及设施的采购和更新、安全施工措施的落实、安全生产条件的改善，不得挪作他用。

第二十三条 施工单位应当设立安全生产管理机构，配备专职安全生产管理人员。

专职安全生产管理人员负责对安全生产进行现场监督检查。发现安全事故隐患，应当及时向项目负责人和安全生产管理机构报告；对违章指挥、违章操作的，应当立即制止。

专职安全生产管理人员的配备办法由国务院建设行政主管部门会同国务院其他有关部门制定。

第二十四条 建设工程实行施工总承包的，由总承包单位对施工现场的安全生产负总责。

总承包单位应当自行完成建设工程主体结构的施工。

总承包单位依法将建设工程分包给其他单位的，分包合同中应当明确各自的安全生产方面的权利、义务。总承包单位和分包单位对分包工程的安全生产承担连带责任。

分包单位应当服从总承包单位的安全生产管理，分包单位不服从管理导致生产安全事故的，由分包单位承担主要责任。

第二十五条 垂直运输机械作业人员、安装拆卸工、爆破作业人员、起重信号工、登高架设作业人员等特种作业人员，必须按照国家有关规定经过专门的安全作业培训，并取得特种作业操作资格证书后，方可上岗作业。

第二十六条 施工单位应当在施工组织设计中编制安全技术措施和施工现场临时用电方案，对下列达到一定规模的危险性较大的分部分项工程编制专项施工方案，并附具安全验算结果，经施工单位技术负责人、总监理工程师签字后实施，由专职安全生产管理人员进行现场监督：

（一）基坑支护与降水工程；

（二）土方开挖工程；

（三）模板工程；

（四）起重吊装工程；

（五）脚手架工程；

（六）拆除、爆破工程；

（七）国务院建设行政主管部门或者其他有关部门规定的其他危险性较大的工程。

对前款所列工程中涉及深基坑、地下暗挖工程、高大模板工程的专项施工方案，施工单位还应当组织专家进行论证、审查。

本条第一款规定的达到一定规模的危险性较大工程的标准，由国务院建设行政主管部门会同国务院其他有关部门制定。

第二十七条 建设工程施工前，施工单位负责项目管理的技术人员应当对有关安全施工的技术要求向施工作业班组、作业人员作出详细说明，并由双方签字确认。

第二十八条 施工单位应当在施工现场入口处、施工起重机械、临时用电设施、脚手架、出入通道口、楼梯口、电梯井口、孔洞口、桥梁口、隧道口、基坑边沿、爆破物及有害危险气体和液体存放处等危险部位，设置明显的安全警示标志。安全警示标志必须符合国家标准。

施工单位应当根据不同施工阶段和周围环境及季节、气候的变化，在施工现场采取相应的安全施工措施。施工现场暂时停止施工的，施工单位应当做好现场防护，所需费用由责任方承担，或者按照合同约定执行。

第二十九条 施工单位应当将施工现场的办公、生活区与作业区分开设置，并保持安全距离；办公、生活区的选址应当符合安全性要求。职工的膳食、饮水、休息场所等应当符合卫生标准。施工单位不得在尚未竣工的建筑物内设置员工集体宿舍。

施工现场临时搭建的建筑物应当符合安全使用要求。施工现场使用的装配式活动房屋应当具有产品合格证。

第三十条 施工单位对因建设工程施工可能造成损害的毗邻建筑物、构筑物和地下管线等，应当采取专项防护措施。

施工单位应当遵守有关环境保护法律、法规的规定，在施工现场采取措施，防止或者减少粉尘、废气、废水、固体废物、噪声、振动和施工照明对人和环境的危害和污染。

在城市市区内的建设工程，施工单位应当对施工现场实行封闭围挡。

第三十一条 施工单位应当在施工现场建立消防安全责任制度，确定消防安全责任人，制定用火、用电、使用易燃易爆材料等各项消防安全管理制度和操作规程，设置消防通道、消防水源，配备消防设施和灭火器材，并在施工现场入口处设置明显标志。

第三十二条 施工单位应当向作业人员提供安全防护用具和安全防护服装，并书面告知危险岗位的操作规程和违章操作的危害。

作业人员有权对施工现场的作业条件、作业程序和作业方式中存在的安全问题提出批评、检举和控告，有权拒绝违章指挥和强令冒险作业。

在施工中发生危及人身安全的紧急情况时，作业人员有权立即停止作业或者在采取必要的应急措施后撤离危险区域。

第三十三条 作业人员应当遵守安全施工的强制性标准、规章制度和操作规程，正确使用安全防护用具、机械设备等。

第三十四条 施工单位采购、租赁的安全防护用具、机械设备、施工机具及配件，应当具有生产（制造）许可证、产品合格证，并在进入施工现场前进行查验。

施工现场的安全防护用具、机械设备、施工机具及配件必须由专人管理，定期进行检查、维修和保养，建立相应的资料档案，并按照国家有关规定及时报废。

第三十五条　施工单位在使用施工起重机械和整体提升脚手架、模板等自升式架设设施前，应当组织有关单位进行验收，也可以委托具有相应资质的检验检测机构进行验收；使用承租的机械设备和施工机具及配件的，由施工总承包单位、分包单位、出租单位和安装单位共同进行验收。验收合格的方可使用。

施工单位应当自施工起重机械和整体提升脚手架、模板等自升式架设设施验收合格之日起30日内，向建设行政主管部门或者其他有关部门登记。登记标志应当置于或者附着于该设备的显著位置。

第三十六条　施工单位的主要负责人、项目负责人、专职安全生产管理人员应当经建设行政主管部门或者其他有关部门考核合格后方可任职。

施工单位应当对管理人员和作业人员每年至少进行一次安全生产教育培训，其教育培训情况记入个人工作档案。安全生产教育培训考核不合格的人员，不得上岗。

第三十七条　作业人员进入新的岗位或者新的施工现场前，应当接受安全生产教育培训。未经教育培训或者教育培训考核不合格的人员，不得上岗作业。

施工单位在采用新技术、新工艺、新设备、新材料时，应当对作业人员进行相应的安全生产教育培训。

第八章　电力安全事故应急处置和调查处理条例

导读：《电力安全事故应急处置和调查处理条例》是2011年7月7日中华人民共和国国务院令第599号发布的文件，共6章37条，自2011年9月1日起施行。电力生产和电网运行过程中的电力安全事故在事故等级划分、事故应急处置、事故调查处理等方面，都与《生产安全事故报告和调查处理条例》规定的生产安全事故有较大不同，因此专门制定本条例，对电力安全事故的应急处置和调查处理作出有针对性的规定。本章摘录了电力安全事故分类、调查报告内容、事故处理内容的相关条款。

第一节　电力安全事故分类

第二条　本条例所称电力安全事故，是指电力生产或者电网运行过程中发生的影响电力系统安全稳定运行或者影响电力正常供应的事故（包括热电厂发生的影响热力正常供应的事故）。

第三条　根据电力安全事故（以下简称事故）影响电力系统安全稳定运行或者影响电力（热力）正常供应的程度，事故分为特别重大事故、重大事故、较大事故和一般事故。事故等级划分标准由本条例附表8－1列示。事故等级划分标准的部分项目需要调整的，由国务院电力监管机构提出方案，报国务院批准。

表8－1　　电力安全事故等级划分标准

判定项 / 事故等级	造成电网减供负荷的比例	造成城市供电用户停电的比例	发电厂或者变电站因安全故障造成全厂（站）对外停电的影响和持续时间
特别重大事故	① 区域性电网减供负荷30%以上； ② 电网负荷20 000兆瓦以上的省、自治区电网，减供负荷30%以上； ③ 电网负荷5000兆瓦以上20 000兆瓦以下的省、自治区电网，减供负荷40%以上； ④ 直辖市电网减供负荷50%以上； ⑤ 电网负荷2000兆瓦以上的省、自治区人民政府所在地城市电网减供负荷60%以上	① 直辖市60%以上供电用户停电； ② 电网负荷2000兆瓦以上的省、自治区人民政府所在地城市70%以上供电用户停电	—

续表

判定项 事故等级	造成电网减供负荷的比例	造成城市供电用户停电的比例	发电厂或者变电站因安全故障造成全厂（站）对外停电的影响和持续时间
重大事故	① 区域性电网减供负荷10%以上30%以下； ② 电网负荷20 000兆瓦以上的省、自治区电网，减供负荷13%以上30%以下； ③ 电网负荷5000兆瓦以上20 000兆瓦以下的省、自治区电网，减供负荷16%以上40%以下； ④ 电网负荷1000兆瓦以上5000兆瓦以下的省、自治区电网，减供负荷50%以上； ⑤ 直辖市电网减供负荷20%以上50%以下； ⑥ 省、自治区人民政府所在地城市电网减供负荷40%以上（电网负荷2000兆瓦以上的，减供负荷40%以上60%以下）； ⑦ 电网负荷600兆瓦以上的其他设区的市电网减供负荷60%以上	① 直辖市30%以上60%以下供电用户停电； ② 省、自治区人民政府所在地城市50%以上供电用户停电（电网负荷2000兆瓦以上的，50%以上70%以下）； ③ 电网负荷600兆瓦以上的其他设区的市70%以上供电用户停电	—
较大事故	① 区域性电网减供负荷7%以上10%以下； ② 电网负荷20 000兆瓦以上的省、自治区电网，减供负荷10%以上13%以下； ③ 电网负荷5000兆瓦以上20 000兆瓦以下的省、自治区电网，减供负荷12%以上16%以下； ④ 电网负荷1000兆瓦以上5000兆瓦以下的省、自治区电网，减供负荷20%以上50%以下； ⑤ 电网负荷1000兆瓦以下的省、自治区电网，减供负荷40%以上； ⑥ 直辖市电网减供负荷10%以上20%以下； ⑦ 省、自治区人民政府所在地城市电网减供负荷20%以上40%以下； ⑧ 其他设区的市电网减供负荷40%以上（电网负荷600兆瓦以上的，减供负荷40%以上60%以下）； ⑨ 电网负荷150兆瓦以上的县级市电网减供负荷60%以上	① 直辖市15%以上30%以下供电用户停电； ② 省、自治区人民政府所在地城市30%以上50%以下供电用户停电； ③ 其他设区的市50%以上供电用户停电（电网负荷600兆瓦以上的，50%以上70%以下）； ④ 电网负荷150兆瓦以上的县级市70%以上供电用户停电	发电厂或者220千伏以上变电站因安全故障造成全厂（站）对外停电，导致周边电压监视控制点电压低于调度机构规定的电压曲线值20%并且持续时间30分钟以上，或者导致周边电压监视控制点电压低于调度机构规定的电压曲线值10%并且持续时间1小时以上
一般事故	① 区域性电网减供负荷4%以上7%以下； ② 电网负荷20 000兆瓦以上的省、自治区电网，减供负荷5%以上10%以下； ③ 电网负荷5000兆瓦以上20 000兆瓦以下的省、自治区电网，减供负荷6%以上12%以下； ④ 电网负荷1000兆瓦以上5000兆瓦以下的省、自治区电网，减供负荷10%以上20%以下； ⑤ 电网负荷1000兆瓦以下的省、自治区电网，减供负荷25%以上40%以下； ⑥ 直辖市电网减供负荷5%以上10%以下； ⑦ 省、自治区人民政府所在地城市电网减供负荷10%以上20%以下； ⑧ 其他设区的市电网减供负荷20%以上40%以下； ⑨ 县级市减供负荷40%以上（电网负荷150兆瓦以上的，减供负荷40%以上60%以下）	① 直辖市10%以上15%以下供电用户停电； ② 省、自治区人民政府所在地城市15%以上30%以下供电用户停电； ③ 其他设区的市30%以上50%以下供电用户停电； ④ 县级市50%以上供电用户停电（电网负荷150兆瓦以上的，50%以上70%以下）	发电厂或者220千伏以上变电站因安全故障造成全厂（站）对外停电，导致周边电压监视控制点电压低于调度机构规定的电压曲线值5%以上10%以下并且持续时间2小时以上

第二节 企业应急处置责任

第六条 事故发生后，电力企业和其他有关单位应当按照规定及时、准确报告事故情况，开展应急处置工作，防止事故扩大，减轻事故损害。电力企业应当尽快恢复电力生产、电网运行和电力（热力）正常供应。

第十三条 电力企业应当按照国家有关规定，制定本企业事故应急预案。

电力监管机构应当指导电力企业加强电力应急救援队伍建设，完善应急物资储备制度。

第三节 应急处置流程

第八条 事故发生后，事故现场有关人员应当立即向发电厂、变电站运行值班人员、电力调度机构值班人员或者本企业现场负责人报告。有关人员接到报告后，应当立即向上一级电力调度机构和本企业负责人报告。本企业负责人接到报告后，应当立即向国务院电力监管机构设在当地的派出机构（以下称事故发生地电力监管机构）、县级以上人民政府安全生产监督管理部门报告；热电厂事故影响热力正常供应的，还应当向供热管理部门报告；事故涉及水电厂（站）大坝安全的，还应当同时向有管辖权的水行政主管部门或者流域管理机构报告。

电力企业及其有关人员不得迟报、漏报或者瞒报、谎报事故情况。

第十条 事故报告应当包括下列内容：

（一）事故发生的时间、地点（区域）以及事故发生单位；

（二）已知的电力设备、设施损坏情况，停运的发电（供热）机组数量、电网减供负荷或者发电厂减少出力的数值、停电（停热）范围；

（三）事故原因的初步判断；

（四）事故发生后采取的措施、电网运行方式、发电机组运行状况以及事故控制情况；

（五）其他应当报告的情况。

事故报告后出现新情况的，应当及时补报。

第十一条 事故发生后，有关单位和人员应当妥善保护事故现场以及工作日志、工作票、操作票等相关材料，及时保存故障录波图、电力调度数据、发电机组运行数据和输变电设备运行数据等相关资料，并在事故调查组成立后将相关材料、资料移交事故调查组。

因抢救人员或者采取恢复电力生产、电网运行和电力供应等紧急措施，需要改变事故现场、移动电力设备的，应当作出标记、绘制现场简图，妥善保存重要痕迹、物证，并作出书面记录。

任何单位和个人不得故意破坏事故现场，不得伪造、隐匿或者毁灭相关证据。

第十四条 事故发生后，有关电力企业应当立即采取相应的紧急处置措施，控制事故范围，防止发生电网系统性崩溃和瓦解；事故危及人身和设备安全的，发电厂、变电站运行值班人员可以按照有关规定，立即采取停运发电机组和输变电设备等紧急处置措施。

事故造成电力设备、设施损坏的，有关电力企业应当立即组织抢修。

第十五条 根据事故的具体情况，电力调度机构可以发布开启或者关停发电机组、调整发电机组有功和无功负荷、调整电网运行方式、调整供电调度计划等电力调度命令，发电企业、电力用户应当执行。

事故可能导致破坏电力系统稳定和电网大面积停电的，电力调度机构有权决定采取拉限负荷、解列电网、解列发电机组等必要措施。

第十八条 事故造成重要电力用户供电中断的，重要电力用户应当按照有关技术要求迅速启动自备应急电源；启动自备应急电源无效的，电网企业应当提供必要的支援。

事故造成地铁、机场、高层建筑、商场、影剧院、体育场馆等人员聚集场所停电的，应当迅速启用应急照明，组织人员有序疏散。

第十九条 恢复电网运行和电力供应，应当优先保证重要电厂厂用电源、重要输变电设备、电力主干网架的恢复，优先恢复重要电力用户、重要城市、重点地区的电力供应。

第二十条 事故应急指挥机构或者电力监管机构应当按照有关规定，统一、准确、及时发布有关事故影响范围、处置工作进度、预计恢复供电时间等信息。

第九章　安全生产领域违法违纪行为政纪处分暂行规定

导读：《安全生产领域违法违纪行为政纪处分暂行规定》是经监察部 2006 年 10 月 30 日第 8 次部长办公会议、国家安全生产监督管理总局 2006 年 9 月 26 日第 23 次局长办公会议通过，自公布之日 2006 年 11 月 22 日起施行。《安全生产领域违法违纪行为政纪处分暂行规定》共 21 条，明确国家行政机关及其公务员，企业、事业单位中由国家行政机关任命的人员，有安全生产领域违法违纪行为，应当根据本暂行规定给予处分。本书主要摘录与工程建设有关的安全生产领域违反违纪行为的定义，以及对企业和主要负责人违法行政处罚等内容。

第一节　对违法违纪行为的处分

企业及企业相关人员有下列行为之一的，对有关责任人员给予处分：

第十一条

（一）未取得安全生产行政许可及相关证照或者不具备安全生产条件从事生产经营活动的；

（二）弄虚作假，骗取安全生产相关证照的；

（三）出借、出租、转让或者冒用安全生产相关证照的；

（四）未按照有关规定保证安全生产所必需的资金投入，导致产生重大安全隐患的；

（五）新建、改建、扩建工程项目的安全设施，不与主体工程同时设计、同时施工、同时投入生产和使用，或者未按规定审批、验收，擅自组织施工和生产的；

（六）被依法责令停产停业整顿、吊销证照、关闭的生产经营单位，继续从事生产经营活动的。

第十三条

（一）对发生的生产安全事故瞒报、谎报或者拖延不报的；

（二）组织或者参与破坏事故现场、出具伪证或者隐匿、转移、篡改、毁灭有关证据，阻挠事故调查处理的；

（三）生产安全事故发生后，不及时组织抢救或者擅离职守的。生产安全事故发生后逃匿的。

第十四条

国有企业及其工作人员不执行或者不正确执行对事故责任人员作出的处理决定，或者擅自改变上级机关批复的对事故责任人员的处理意见的，对有关责任人员，给予警告、记过或者记大过处分；情节较重的，给予降级、撤职或者留用察看处分；情节严重的，给予开除处分。

第十五条

国有企业负责人及其配偶、子女及其配偶违反规定在煤矿等企业投资入股或者在安全生产领域经商办企业的，对由国家行政机关任命的人员，给予警告、记过或者记大过处分；情节较重的，给予降级、撤职或者留用察看处分；情节严重的，给予开除处分。

第十六条

承担安全评价、培训、认证、资质验证、设计、检测、检验等工作的机构及其工作人员，出具虚假报告等与事实不符的文件、材料，造成安全生产隐患的，对有关责任人员，给予警告、记过或者记大过处分；情节较重的，给予降级、降职或者撤职处分；情节严重的，给予开除留用察看或者开除处分。

第二节　对违法违纪行为并导致发生事故的处分

企业及企业相关人员有下列行为之一，导致安全生产事故发生的，对有关责任人员给予处分：

第十二条

（一）对存在的重大安全隐患，未采取有效措施的；

（二）违章指挥，强令工人违章冒险作业的；

（三）未按规定进行安全生产教育和培训并经考核合格，允许从业人员上岗，致使违章作业的；

（四）制造、销售、使用国家明令淘汰或者不符合国家标准的设施、设备、器材或者产品的；

（五）超能力、超强度、超定员组织生产经营，拒不执行有关部门整改指令的；

（六）拒绝执法人员进行现场检查或者在被检查时隐瞒事故隐患，不如实反映情况的；

（七）有其他不履行或者不正确履行安全生产管理职责的。

第三节　违法违纪行为与处分对应关系

国有企业及其工作人员存在本章第一节和第二节所述违法违纪行为，按照相关条例规定给予的处分见表9－1。

表 9-1 违法违纪行为处分对应关系表

序号	违法违纪行为	适用情形及相应处分			条款出处
		常规情况	情节较重	情节严重	
1	未取得安全生产行政许可及相关证照或者不具备安全生产条件从事生产经营活动的	警告、记过或者记大过	降级、撤职或者留用察看	开除	第十一条
2	弄虚作假，骗取安全生产相关证照的	警告、记过或者记大过	降级、撤职或者留用察看	开除	第十一条
3	出借、出租、转让或者冒用安全生产相关证照的	警告、记过或者记大过	降级、撤职或者留用察看	开除	第十一条
4	未按照有关规定保证安全生产所必需的资金投入，导致产生重大安全隐患的	警告、记过或者记大过	降级、撤职或者留用察看	开除	第十一条
5	新建、改建、扩建工程项目的安全设施，不与主体工程同时设计、同时施工、同时投入生产和使用，或者未按规定审批、验收，擅自组织施工和生产的	警告、记过或者记大过	降级、撤职或者留用察看	开除	第十一条
6	被依法责令停产停业整顿、吊销证照、关闭的生产经营单位，继续从事生产经营活动的	警告、记过或者记大过	降级、撤职或者留用察看	开除	第十一条
7	对存在的重大安全隐患，未采取有效措施的，导致生产安全事故发生的	警告、记过或者记大过	降级、撤职或者留用察看	开除	第十二条
8	违章指挥，强令工人违章冒险作业的，导致生产安全事故发生的	警告、记过或者记大过	降级、撤职或者留用察看	开除	第十二条
9	未按规定进行安全生产教育和培训并经考核合格，允许从业人员上岗，致使违章作业的，导致生产安全事故发生的	警告、记过或者记大过	降级、撤职或者留用察看	开除	第十二条
10	制造、销售、使用国家明令淘汰或者不符合国家标准的设施、设备、器材或者产品的，导致生产安全事故发生的	警告、记过或者记大过	降级、撤职或者留用察看	开除	第十二条
11	超能力、超强度、超定员组织生产经营，拒不执行有关部门整改指令的，导致生产安全事故发生的	警告、记过或者记大过	降级、撤职或者留用察看	开除	第十二条
12	拒绝执法人员进行现场检查或者在被检查时隐瞒事故隐患，不如实反映情况的，导致生产安全事故发生的	警告、记过或者记大过	降级、撤职或者留用察看	开除	第十二条
13	有其他不履行或者不正确履行安全生产管理职责的，导致生产安全事故发生的	警告、记过或者记大过	降级、撤职或者留用察看	开除	第十二条
14	对发生的生产安全事故瞒报、谎报或者拖延不报的	记过或者记大过	降级、撤职或者留用察看	开除	第十三条
15	组织或者参与破坏事故现场、出具伪证或者隐匿、转移、篡改、毁灭有关证据，阻挠事故调查处理的	记过或者记大过	降级、撤职或者留用察看	开除	第十三条
16	生产安全事故发生后，不及时组织抢救或者擅离职守的	记过或者记大过	降级、撤职或者留用察看	开除	第十三条
17	生产安全事故发生后逃匿的	开除	—	—	第十三条
18	国有企业及其工作人员不执行或者不正确执行对事故责任人员作出的处理决定，或者擅自改变上级机关批复的对事故责任人员的处理意见的	警告、记过或者记大过	降级、撤职或者留用察看	开除	第十四条

续表

序号	违法违纪行为	适用情形及相应处分			条款出处
		常规情况	情节较重	情节严重	
19	国有企业负责人及其配偶、子女及其配偶违反规定在煤矿等企业投资入股或者在安全生产领域经商办企业的	警告、记过或者记大过	降级、撤职或者留用察看	开除	第十五条
20	承担安全评价、培训、认证、资质验证、设计、检测、检验等工作的机构及其工作人员，出具虚假报告等与事实不符的文件、材料，造成安全生产隐患的	警告、记过或者记大过	降级、撤职或者留用察看	开除	第十六条

第十章　安全生产违法行为行政处罚办法

导读：《安全生产违法行为行政处罚办法》是为了制裁安全生产违法行为，规范安全生产行政处罚工作，依照行政处罚法、安全生产法及其他有关法律、行政法规的规定，制定的办法。该办法经2007年11月9日国家安全生产监督管理总局局长办公会议审议通过，自2008年1月1日起施行；其中部分内容有修改，经2015年1月16日国家安全生产监督管理总局局长办公会议审议通过，自2015年5月1日起施行。《安全生产违法行为行政处罚办法》共6章69条，主要包括总则、行政处罚的种类管辖、行政处罚的程序、行政处罚的适用、行政处罚的执行和备案、附则等内容，本书主要摘录了有关对企业及相关人员处分的内容。

第一节　违法行为的定义

生产经营单位及其有关人员在生产经营活动中违反有关安全生产的法律、行政法规、部门规章、国家标准、行业标准和规程的违法行为，统称安全生产违法行为。

第二节　对企业和主要负责人违法行政处罚的条款

第四十三条　生产经营单位的决策机构、主要负责人、个人经营的投资人（包括实际控制人，下同）未依法保证下列安全生产所必需的资金投入之一，致使生产经营单位不具备安全生产条件的，责令限期改正，提供必需的资金，可以对生产经营单位处1万元以上3万元以下罚款，对生产经营单位的主要负责人、个人经营的投资人处5000元以上1万元以下罚款；逾期未改正的，责令生产经营单位停产停业整顿：

（一）提取或者使用安全生产费用；

（二）用于配备劳动防护用品的经费；

（三）用于安全生产教育和培训的经费。

（四）国家规定的其他安全生产所必需的资金投入。

生产经营单位主要负责人、个人经营的投资人有前款违法行为，导致发生生产安全事故的，依照《生产安全事故罚款处罚规定（试行）》的规定给予处罚。

第四十四条　生产经营单位的主要负责人未依法履行安全生产管理职责，导致生产安全事故发生的，依照《生产安全事故罚款处罚规定（试行）》的规定给予处罚。

第四十五条　生产经营单位及其主要负责人或者其他人员有下列行为之一的，给予警告，并可以对生产经营单位处1万元以上3万元以下罚款，对其主要负责人、其他有关人员处1000元以上1万元以下的罚款：

（一）违反操作规程或者安全管理规定作业的；

（二）违章指挥从业人员或者强令从业人员违章、冒险作业的；

（三）发现从业人员违章作业不加制止的；

（四）超过核定的生产能力、强度或者定员进行生产的；

（五）对被查封或者扣押的设施、设备、器材、危险物品和作业场所，擅自启封或者使用的；

（六）故意提供虚假情况或者隐瞒存在的事故隐患以及其他安全问题的；

（七）拒不执行安全监管监察部门依法下达的安全监管监察指令的。

第四十六条　危险物品的生产、经营、储存单位以及矿山、金属冶炼单位有下列行为之一的，责令改正，并可以处1万元以上3万元以下的罚款：

（一）未建立应急救援组织或者生产经营规模较小、未指定兼职应急救援人员的；

（二）未配备必要的应急救援器材、设备和物资，并进行经常性维护、保养，保证正常运转的。

第四十七条　生产经营单位与从业人员订立协议，免除或者减轻其对从业人员因生产安全事故伤亡依法应承担的责任的，该协议无效；对生产经营单位的主要负责人、个人经营的投资人按照下列规定处以罚款：

（一）在协议中减轻因生产安全事故伤亡对从业人员依法应承担的责任的，处2万元以上5万元以下的罚款；

（二）在协议中免除因生产安全事故伤亡对从业人员依法应承担的责任的，处5万元以上10万元以下的罚款。

第四十八条　生产经营单位不具备法律、行政法规和国家标准、行业标准规定的安全生产条件，经责令停产停业整顿仍不具备安全生产条件的，安全监管监察部门应当提请有管辖权的人民政府予以关闭；人民政府决定关闭的，安全监管监察部门应当依法吊销其有关许可证。

第四十九条　生产经营单位转让安全生产许可证的，没收违法所得，吊销安全生产许可证，并按照下列规定处以罚款：

（一）接受转让的单位和个人未发生生产安全事故的，处10万元以上30万元以下的罚款；

（二）接受转让的单位和个人发生生产安全事故但没有造成人员死亡的，处30万元以上40万元以下的罚款；

（三）接受转让的单位和个人发生人员死亡生产安全事故的，处40万元以上50万元以下的罚款。

第五十条　知道或者应当知道生产经营单位未取得安全生产许可证或者其他批准

文件擅自从事生产经营活动，仍为其提供生产经营场所、运输、保管、仓储等条件的，责令立即停止违法行为，有违法所得的，没收违法所得，并处违法所得 1 倍以上 3 倍以下的罚款，但是最高不得超过 3 万元；没有违法所得的，并处 5000 元以上 1 万元以下的罚款。

第五十一条 生产经营单位及其有关人员弄虚作假，骗取或者勾结、串通行政审批工作人员取得安全生产许可证书及其他批准文件的，撤销许可及批准文件，并按照下列规定处以罚款：

（一）生产经营单位有违法所得的，没收违法所得，并处违法所得 1 倍以上 3 倍以下的罚款，但是最高不得超过 3 万元；没有违法所得的，并处 5000 元以上 1 万元以下的罚款；

（二）对有关人员处 1000 元以上 1 万元以下的罚款。

有前款规定违法行为的生产经营单位及其有关人员在 3 年内不得再次申请该行政许可。

生产经营单位及其有关人员未依法办理安全生产许可证书变更手续的，责令限期改正，并对生产经营单位处 1 万元以上 3 万元以下的罚款，对有关人员处 1000 元以上 5000 元以下的罚款。

第五十二条 未取得相应资格、资质证书的机构及其有关人员从事安全评价、认证、检测、检验工作，责令停止违法行为，并按照下列规定处以罚款：

（一）机构有违法所得的，没收违法所得，并处违法所得 1 倍以上 3 倍以下的罚款，但是最高不得超过 3 万元；没有违法所得的，并处 5000 元以上 1 万元以下的罚款。

（二）有关人员处 5000 元以上 1 万元以下的罚款。

第五十三条 生产经营单位及其有关人员触犯不同的法律规定，有两个以上应当给予行政处罚的安全生产违法行为的，安全监管监察部门应当适用不同的法律规定，分别裁量，合并处罚。

第五十四条 对同一生产经营单位及其有关人员的同一安全生产违法行为，不得给予两次以上罚款的行政处罚。

第五十五条 生产经营单位及其有关人员有下列情形之一的，应当从重处罚：

（一）危及公共安全或者其他生产经营单位安全的，经责令限期改正，逾期未改正的；

（二）一年内因同一违法行为受到两次以上行政处罚的；

（三）拒不整改或者整改不力，其违法行为呈持续状态的；

（四）拒绝、阻碍或者以暴力威胁行政执法人员的。

第五十六条 生产经营单位及其有关人员有下列情形之一的，应当依法从轻或者减轻行政处罚：

（一）已满 14 周岁不满 18 周岁的公民实施安全生产违法行为的；

（二）主动消除或者减轻安全生产违法行为危害后果的；

（三）受他人胁迫实施安全生产违法行为的；

（四）配合安全监管监察部门查处安全生产违法行为，有立功表现的；

（五）主动投案，向安全监管监察部门如实交待自己的违法行为的；

（六）具有法律、行政法规规定的其他从轻或者减轻处罚情形的。

有从轻处罚情节的，应当在法定处罚幅度的中档以下确定行政处罚标准，但不得低于法定处罚幅度的下限。

本条第一款第（四）项所称的立功表现，是指当事人有揭发他人安全生产违法行为，并经查证属实；或者提供查处其他安全生产违法行为的重要线索，并经查证属实；或者阻止他人实施安全生产违法行为；或者协助司法机关抓捕其他违法犯罪嫌疑人的行为。

安全生产违法行为轻微并及时纠正，没有造成危害后果的，不予行政处罚。

第十一章　中央企业安全生产监督管理暂行办法

导读：《中央企业安全生产监督管理暂行办法》经国务院国有资产监督管理委员会第 67 次主任办公会审议通过，由国务院国有资产监督管理委员会主任李荣融于 2008 年 8 月 18 日签发，自 2008 年 9 月 1 日起正式施行，旨在履行国有资产出资人安全生产监管职责，督促中央企业全面落实安全生产主体责任，建立安全生产长效机制，防止和减少生产安全事故，保障中央企业职工和人民群众生命财产安全，维护国有资产的保值增值。《中央企业安全生产监督管理暂行办法》共 6 章 43 条，主要包括安全生产工作责任、安全生产工作基本要求、安全生产工作报告制度、安全生产监督管理与奖惩等内容。本书摘录了与工程建设有关的企业安全生产责任和安全生产考核等内容。

第一节　企业的安全生产责任

第五条　中央企业是安全生产的责任主体，必须贯彻落实国家安全生产方针政策及有关法律法规、标准，按照“统一领导、落实责任、分级管理、分类指导、全员参与”的原则，逐级建立健全安全生产责任制。安全生产责任制应当覆盖本企业全体职工和岗位、全部生产经营和管理过程。

第六条　中央企业应当按照以下规定建立以企业主要负责人为核心的安全生产领导负责制。

（一）中央企业主要负责人是本企业安全生产的第一责任人，对本企业安全生产工作负总责，应当全面履行《中华人民共和国安全生产法》规定的以下职责：

（1）建立健全本企业安全生产责任制；

（2）组织制定本企业安全生产规章制度和操作规程；

（3）保证本企业安全生产投入的有效实施；

（4）督促、检查本企业的安全生产工作，及时消除生产安全事故隐患；

（5）组织制定并实施本企业的生产安全事故应急救援预案；

（6）及时、如实报告生产安全事故。

（二）中央企业主管生产的负责人统筹组织生产过程中各项安全生产制度和措施的落实，完善安全生产条件，对企业安全生产工作负重要领导责任。

（三）中央企业主管安全生产工作的负责人协助主要负责人落实各项安全生产法律法规、标准，统筹协调和综合管理企业的安全生产工作，对企业安全生产工作负综合管理领导责任。

（四）中央企业其他负责人应当按照分工抓好主管范围内的安全生产工作，对主管范围内的安全生产工作负领导责任。

第七条　中央企业必须建立健全安全生产的组织机构，包括：

（一）安全生产工作的领导机构—安全生产委员会（以下简称安委会），负责统一领导本企业的安全生产工作，研究决策企业安全生产的重大问题。安委会主任应当由企业安全生产第一责任人担任。安委会应当建立工作制度和例会制度。

（二）与企业生产经营相适应的安全生产监督管理机构。

第一类企业应当设置负责安全生产监督管理工作的独立职能部门。

第二类企业应当在有关职能部门中设置负责安全生产监督管理工作的内部专业机构；安全生产任务较重的企业应当设置负责安全生产监督管理工作的独立职能部门。

第三类企业应当明确有关职能部门负责安全生产监督管理工作，配备专职安全生产监督管理人员；安全生产任务较重的企业应当在有关职能部门中设置负责安全生产监督管理工作的内部专业机构。

安全生产监督管理职能部门或者负责安全生产监督管理工作的职能部门是企业安全生产工作的综合管理部门，对其他职能部门的安全生产管理工作进行综合协调和监督。

第八条　中央企业应当明确各职能部门的具体安全生产管理职责；各职能部门应当将安全生产管理职责具体分解到相应岗位。

第九条　中央企业专职安全生产监督管理人员的任职资格和配备数量，应当符合国家和行业的有关规定；国家和行业没有明确规定的，中央企业应当根据本企业的生产经营内容和性质、管理范围、管理跨度等配备专职安全生产监督管理人员。

中央企业应当加强安全队伍建设，提高人员素质，鼓励和支持安全生产监督管理人员取得注册安全工程师资质。安全生产监督管理机构工作人员应当逐步达到以注册安全工程师为主体。

第十条　中央企业工会依法对本企业安全生产与劳动防护进行民主监督，依法维护职工合法权益，有权对建设项目的安全设施与主体工程同时设计、同时施工、同时投入和使用情况进行监督，提出意见。

第十一条　中央企业应当对其独资及控股子企业（包括境外子企业）的安全生产认真履行以下监督管理责任：

（一）监督管理独资及控股子企业安全生产条件具备情况；安全生产监督管理组织机构设置情况；安全生产责任制、安全生产各项规章制度建立情况；安全生产投入和隐患排查治理情况；安全生产应急管理情况；及时、如实报告生产安全事故。

第一类中央企业可以向其列为安全生产重点的独资及控股子企业委派专职安全生产总监，加强对子企业安全生产的监督。

（二）将独资及控股子企业纳入中央企业安全生产管理体系，对其项目建设、收购、并购、转让、运行、停产等影响安全生产的重大事项实行报批制度，严格安全生产的检查、考核、奖惩和责任追究。

对控股但不负责管理的子企业，中央企业应当与管理方商定管理模式，按照《中华人民共和国安全生产法》的要求，通过经营合同、公司章程、协议书等明确安全生产管理责任、目标和要求等。

对参股并负有管理职责的企业，中央企业应当按照有关法律法规的规定与参股企业签订安全生产管理协议书，明确安全生产管理责任。

中央企业各级子企业应当按照以上规定逐级建立健全安全生产责任制，逐级加强安全生产工作的监督管理。

第二节 对企业的安全生产考核

第三十一条 国资委参与中央企业特别重大生产安全事故的调查，并根据事故调查报告及国务院批复负责落实或者监督对事故有关责任单位和责任人的处理。

第三十二条 国资委组织开展中央企业安全生产督查，督促中央企业落实安全生产有关规定和改进安全生产工作。中央企业违反本办法有关安全生产监督管理规定的，国资委根据情节轻重要求其改正或者予以通报批评。

中央企业半年内连续发生重大以上生产安全事故，国资委除依据有关规定落实对有关责任单位和责任人的处理外，对中央企业予以通报批评，对其主要负责人进行诫勉谈话。

第三十三条 国资委配合有关部门对中央企业安全生产违法行为的举报进行调查，或者责成有关单位进行调查，依照干部管理权限对有关责任人予以处理。

第三十四条 国资委根据中央企业考核期内发生的生产安全责任事故认定情况，对中央企业负责人经营业绩考核结果进行下列降级或者降分处理：

（一）中央企业负责人年度经营业绩考核期内发生特别重大责任事故并负主要责任或者发生瞒报事故的，对该中央企业负责人的年度经营业绩考核结果予以降级处理。

（二）中央企业负责人年度经营业绩考核期内发生较大责任事故或者重大责任事故起数达到降级起数的，对该中央企业负责人的年度经营业绩考核结果予以降级处理。

（三）中央企业负责人年度经营业绩考核期内发生较大责任事故和重大责任事故但不够降级标准的，对该中央企业负责人的年度经营业绩考核结果予以降分处理。

（四）中央企业负责人任期经营业绩考核期内连续发生瞒报事故或者发生两起以上特别重大责任事故，对该中央企业负责人的任期经营业绩考核结果予以降级处理。

本办法所称责任事故，是指依据事故调查报告及批复对事故性质的认定，中央企业或者中央企业独资及控股子企业对事故发生负有责任的生产安全事故。

第三十五条 对未严格按照国家和行业有关规定足额提取安全生产费用的中央企业，国资委从企业负责人业绩考核的业绩利润中予以扣减，并予以降分处理。

第三十六条 授权董事会对经理层人员进行经营业绩考核的中央企业，董事会应当将安全生产工作纳入经理层人员年度经营业绩考核，与绩效薪金挂钩，并比照本办法的

安全生产业绩考核规定执行。

董事会对经理层的安全生产业绩考核情况纳入国资委对董事会的考核评价内容。对董事会未有效履行监督、考核安全生产职能，企业发生特别重大责任事故并造成严重社会影响的，国资委对董事会予以调整，对有关董事予以解聘。

第三十七条　中央企业负责人年度经营业绩考核中因安全生产问题受到降级处理的，取消其参加该考核年度国资委组织或者参与组织的评优、评先活动资格。

第三十八条　国资委对年度安全生产相对指标达到国内同行业最好水平或者达到国际先进水平的中央企业予以表彰。

第三十九条　国资委对认真贯彻执行本办法，安全生产工作成绩突出的个人和集体予以表彰奖励。

第十二章　电力建设工程施工安全监督管理办法

导读：《电力建设工程施工安全监督管理办法》经国家发展和改革委员会审议通过，由国家发展和改革委员会主任徐绍史于2015年8月18日签发，自2015年10月1日起正式施行。《电力建设工程施工安全监督管理办法》明确了电力建设工程施工安全坚持“安全第一、预防为主、综合治理”的方针，建立“企业负责、职工参与、行业自律、政府监管、社会监督”的管理机制，旨在加强电力建设工程施工安全监督管理，保障人民群众生命和财产安全。《电力建设工程施工安全监督管理办法》共8章53条，主要包括建设单位安全责任、勘察设计单位安全责任、施工单位安全责任、监理单位安全责任、监督管理、罚则等内容。本书主要摘录了与工程建设有关的参建单位安全责任以及违规处罚等内容。

第一节　参建单位安全责任

一、建设单位安全责任

第六条　建设单位对电力建设工程施工安全负全面管理责任，具体内容包括：

（一）建立健全安全生产组织和管理机制，负责电力建设工程安全生产组织、协调、监督职责；

（二）建立健全安全生产监督检查和隐患排查治理机制，实施施工现场全过程安全生产管理；

（三）建立健全安全生产应急响应和事故处置机制，实施突发事件应急抢险和事故救援；

（四）建立电力建设工程项目应急管理体系，编制应急综合预案，组织勘察设计、施工、监理等单位制定各类安全事故应急预案，落实应急组织、程序、资源及措施，定期组织演练，建立与国家有关部门、地方政府应急体系的协调联动机制，确保应急工作有效实施；

（五）及时协调和解决影响安全生产重大问题。

建设工程实行工程总承包的，总承包单位应当按照合同约定，履行建设单位对工程的安全生产责任；建设单位应当监督工程总承包单位履行对工程的安全生产责任。

第七条 建设单位应当按照国家有关规定实施电力建设工程招投标管理，具体包括：

（一）应当将电力建设工程发包给具有相应资质等级的单位，禁止中标单位将中标项目的主体和关键性工作分包给他人完成；

（二）应当在电力建设工程招标文件中对投标单位的资质、安全生产条件、安全生产费用使用、安全生产保障措施等提出明确要求；

（三）应当审查投标单位主要负责人、项目负责人、专职安全生产管理人员是否满足国家规定的资格要求；

（四）应当与勘察设计、施工、监理等中标单位签订安全生产协议。

第八条 按照国家有关安全生产费用投入和使用管理规定，电力建设工程概算应当单独计列安全生产费用，不得在电力建设工程投标中列入竞争性报价。根据电力建设工程进展情况，及时、足额向参建单位支付安全生产费用。

第九条 建设单位应当向参建单位提供满足安全生产的要求的施工现场及毗邻区域内各种地下管线、气象、水文、地质等相关资料，提供相邻建筑物和构筑物、地下工程等有关资料。

第十条 建设单位应当组织参建单位落实防灾减灾责任，建立健全自然灾害预测预警和应急响应机制，对重点区域、重要部位地质灾害情况进行评估检查。

应当对施工营地选址布置方案进行风险分析和评估，合理选址。组织施工单位对易发生泥石流、山体滑坡等地质灾害工程项目的生活办公营地、生产设备设施、施工现场及周边环境开展地质灾害隐患排查，制定和落实防范措施。

第十一条 建设单位应当执行定额工期，不得压缩合同约定的工期。如工期确需调整，应当对安全影响进行论证和评估。论证和评估应当提出相应的施工组织措施和安全保障措施。

第十二条 建设单位应当履行工程分包管理责任，严禁施工单位转包和违法分包，将分包单位纳入工程安全管理体系，严禁以包代管。

第十三条 建设单位应在电力建设工程开工报告批准之日起 15 日内，将保证安全施工的措施，包括电力建设工程基本情况、参建单位基本情况、安全组织及管理措施、安全投入计划、施工组织方案、应急预案等内容向建设工程所在地国家能源局派出机构备案。

二、勘察设计单位安全责任

第十四条 勘察设计单位应当按照法律法规和工程建设强制性标准进行电力建设工程的勘察设计，提供的勘察设计文件应当真实、准确、完整，满足工程施工安全的需要。

在编制设计计划书时应当识别设计适用的工程建设强制性标准并编制条文清单。

第十五条 勘察单位在勘察作业过程中，应当制定并落实安全生产技术措施，保证作业人员安全，保障勘察区域各类管线、设施和周边建筑物、构筑物安全。

第十六条 电力建设工程所在区域存在自然灾害或电力建设活动可能引发地质灾害风险时，勘察设计单位应当制定相应专项安全技术措施，并向建设单位提出灾害防治方案建议。

应当监控基础开挖、洞室开挖、水下作业等重大危险作业的地质条件变化情况，及时调整设计方案和安全技术措施。

第十七条 设计单位在规划阶段应当开展安全风险、地质灾害分析和评估，优化工程选线、选址方案；可行性研究阶段应当对涉及电力建设工程安全的重大问题进行分析和评价；初步设计应当提出相应施工方案和安全防护措施。

第十八条 对于采用新技术、新工艺、新流程、新设备、新材料和特殊结构的电力建设工程，勘察设计单位应当在设计文件中提出保障施工作业人员安全和预防生产安全事故的措施建议；不符合现行相关安全技术规范或标准规定的，应当提请建设单位组织专题技术论证，报送相应主管部门同意。

第十九条 勘察设计单位应当根据施工安全操作和防护的需要，在设计文件中注明涉及施工安全的重点部位和环节，提出防范安全生产事故的指导意见；工程开工前，应当向参建单位进行技术和安全交底，说明设计意图；施工过程中，对不能满足安全生产要求的设计，应当及时变更。

三、监理单位安全责任

第三十三条 监理单位应当按照法律法规和工程建设强制性标准实施监理，履行电力建设工程安全生产管理的监理职责。监理单位资源配置应当满足工程监理要求，依据合同约定履行电力建设工程施工安全监理职责，确保安全生产监理与工程质量控制、工期控制、投资控制的同步实施。

第三十四条 监理单位应当建立健全安全监理工作制度，编制含有安全监理内容的监理规划和监理实施细则，明确监理人员安全职责以及相关工作安全监理措施和目标。

第三十五条 监理单位应当组织或参加各类安全检查活动，掌握现场安全生产动态，建立安全管理台账。重点审查、监督下列工作：

（一）按照工程建设强制性标准和安全生产标准及时审查施工组织设计中的安全技术措施和专项施工方案。

（二）审查和验证分包单位的资质文件和拟签订的分包合同、人员资质、安全协议。

（三）审查安全管理人员、特种作业人员、特种设备操作人员资格证明文件和主要施工机械、工器具、安全用具的安全性能证明文件是否符合国家有关标准；检查现场作业人员及设备配置是否满足安全施工的要求。

（四）对大中型起重机械、脚手架、跨越架、施工用电、危险品库房等重要施工设施投入使用前进行安全检查签证。土建交付安装、安装交付调试及整套启动等重大工序交接前进行安全检查签证。

（五）对工程关键部位、关键工序、特殊作业和危险作业进行旁站监理；对复杂自然条件、复杂结构、技术难度大及危险性较大分部分项工程专项施工方案的实施进行现场监理；监督交叉作业和工序交接中的安全施工措施的落实。

（六）监督施工单位安全生产费的使用、安全教育培训情况。

第三十六条 在实施监理过程中，发现存在生产安全事故隐患的，应当要求施工单位及时整改；情节严重的，应当要求施工单位暂时或部分停止施工，并及时报告建设单位。施工单位拒不整改或者不停止施工的，监理单位应当及时向国家能源局派出机构和政府有关部门报告。

四、施工单位安全责任

第二十条 施工单位应当具备相应的资质等级，具备国家规定的安全生产条件，取得安全生产许可证，在许可的范围内从事电力建设工程施工活动。

第二十一条 施工单位应当按照国家法律法规和标准规范组织施工，对其施工现场的安全生产负责。应当设立安全生产管理机构，按规定配备专（兼）职安全生产管理人员，制定安全管理制度和操作规程。

第二十二条 施工单位应当按照国家有关规定计列和使用安全生产费用。应当编制安全生产费用使用计划，专款专用。

第二十三条 电力建设工程实行施工总承包的，由施工总承包单位对施工现场的安全生产负总责，具体包括：

（一）施工单位或施工总承包单位应当自行完成主体工程的施工，除可依法对劳务作业进行劳务分包外，不得对主体工程进行其它形式的施工分包；禁止任何形式的转包和违法分包。

（二）施工单位或施工总承包单位依法将主体工程以外项目进行专业分包的，分包单位必须具有相应资质和安全生产许可证，合同中应当明确双方在安全生产方面的权利和义务。施工单位或施工总承包单位履行电力建设工程安全生产监督管理职责，承担工程安全生产连带管理责任，分包单位对其承包的施工现场安全生产负责。

（三）施工单位或施工总承包单位和专业承包单位实行劳务分包的，应当分包给具有相应资质的单位，并对施工现场的安全生产承担主体责任。

第二十四条 施工单位应当履行劳务分包安全管理责任，将劳务派遣人员、临时用工人员纳入其安全管理体系，落实安全措施，加强作业现场管理和控制。

第二十五条 电力建设工程开工前，施工单位应当开展现场查勘，编制施工组织设计、施工方案和安全技术措施并按技术管理相关规定报建设单位、监理单位同意。

分部分项工程施工前，施工单位负责项目管理的技术人员应当向作业人员进行安全技术交底，如实告知作业场所和工作岗位可能存在的风险因素、防范措施以及现场应急处置方案，并由双方签字确认；对复杂自然条件、复杂结构、技术难度大及危险性较大的分部分项工程需编制专项施工方案并附安全验算结果，必要时召开专家会议论证确认。

第二十六条 施工单位应当定期组织施工现场安全检查和隐患排查治理，严格落实施工现场安全措施，杜绝违章指挥、违章作业、违反劳动纪律行为发生。

第二十七条 施工单位应当对因电力建设工程施工可能造成损害和影响的毗邻建筑物、构筑物、地下管线、架空线缆、设施及周边环境采取专项防护措施。对施工现场出入口、通道口、孔洞口、邻近带电区、易燃易爆及危险化学品存放处等危险区域和部位采取防护措施并设置明显的安全警示标志。

第二十八条 施工单位应当制定用火、用电、易燃易爆材料使用等消防安全管理制度，确定消防安全责任人，按规定设置消防通道、消防水源，配备消防设施和灭火器材。

第二十九条 施工单位应当按照国家有关规定采购、租赁、验收、检测、发放、使用、维护和管理施工机械、特种设备，建立施工设备安全管理制度、安全操作规程及相应的管理台账和维保记录档案。

施工单位使用的特种设备应当是取得许可生产并经检验合格的特种设备。特种设备的登记标志、检测合格标志应当置于该特种设备的显著位置。

安装、改造、修理特种设备的单位应当具有国家规定的相应资质，在施工前按规定履行告知手续，施工过程按照相关规定接受监督检验。

第三十条 施工单位应当按照相关规定组织开展安全生产教育培训工作。企业主要负责人、项目负责人、专职安全生产管理人员、特种作业人员需经培训合格后持证上岗，新入场人员应当按规定经过三级安全教育。

第三十一条 施工单位对电力建设工程进行调试、试运行前，应当按照法律法规和工程建设强制性标准，编制调试大纲、试验方案，对各项试验方案制定安全技术措施并严格实施。

第三十二条 施工单位应当根据电力建设工程施工特点、范围，制定应急救援预案、现场处置方案，对施工现场易发生事故的部位、环节进行监控。实行施工总承包的，由施工总承包单位组织分包单位开展应急管理工作。

第二节 违规的处罚

第四十二条 国家能源局及其派出机构有下列行为之一的，对直接负责的主管人员和其它直接责任人员依法给予处分；构成犯罪的，依法追究刑事责任：

（一）迟报、漏报、瞒报、谎报事故的；

（二）阻碍、干涉事故调查工作的；

（三）在事故调查中营私舞弊、作伪证或者指使他人作伪证的；

（四）不依法履行监管职责或者监督不力，造成严重后果的；

（五）在实施监管过程中索取或者收受他人财物或者谋取其他利益；

（六）其他违反国家法律法规的行为。

第四十三条 建设单位未按规定提取和使用安全生产费用的，责令限期改正；逾期未改正的，责令该建设工程停止施工。

第四十四条 电力建设工程参建单位有下列情形之一的，责令改正；拒不改正的，处 5 万元以上 50 万元以下的罚款；造成严重后果，构成犯罪的，依法追究刑事责任：

（一）拒绝或者阻碍国家能源局及其派出机构及其从事监管工作的人员依法履行监管职责的；

（二）提供虚假或者隐瞒重要事实的文件、资料；

（三）未按照国家有关监管规章、规则的规定披露有关信息的。

第四十五条　建设单位有下列行为之一的，责令限期改正，并处20万元以上50万元以下的罚款；造成重大安全事故，构成犯罪的，对直接责任人员，依照刑法有关规定追究刑事责任；造成损失的，依法承担赔偿责任：

（一）对电力勘察、设计、施工、调试、监理等单位提出不符合安全生产法律、法规和强制性标准规定的要求的；

（二）违规压缩合同约定工期的；

（三）将工程发包给不具有相应资质等级的施工单位的。

第四十六条　电力勘察设计单位有下列行为之一的，责令限期改正，并处10万元以上30万元以下的罚款；情节严重的，责令停业整顿，提请相关部门降低资质等级，直至吊销资质证书；造成重大安全事故，构成犯罪的，对直接责任人员，依照刑法有关规定追究刑事责任；造成损失的，依法承担赔偿责任：

（一）未按照法律、法规和工程建设强制性标准进行勘察、设计的；

（二）采用新技术、新工艺、新流程、新设备、新材料的电力建设工程和特殊结构的电力建设工程，设计单位未在设计中提出保障施工作业人员安全和预防生产安全事故的措施建议的。

第四十七条　施工单位有下列行为之一的，责令限期改正；逾期未改正的，责令停业整顿，并处10万元以上30万元以下的罚款；情节严重的，提请相关部门降低资质等级，直至吊销资质证书；造成重大安全事故，构成犯罪的，对直接责任人员，依照刑法有关规定追究刑事责任；造成损失的，依法承担赔偿责任：

（一）未按本办法设立安全生产管理机构、配备专（兼）职安全生产管理人员或者分部分项工程施工时无专（兼）职安全生产管理人员现场监督的；

（二）主要负责人、项目负责人、专职安全生产管理人员、特种（殊）作业人员未持证上岗的；

（三）使用国家明令淘汰、禁止使用的危及电力施工安全的工艺、设备、材料的；

（四）未按照规定在施工起重机械和整体提升脚手架、模板等自升式架设设施验收合格后取得使用登记证书的；

（五）未向作业人员提供安全防护用品、用具的；

（六）未在施工现场的危险部位设置明显的安全警示标志，或者未按照国家有关规定在施工现场设置消防通道、消防水源、配备消防设施和灭火器材的。

第四十八条　挪用安全生产费用的，责令限期改正，并处挪用费用20%以上50%以下的罚款；造成重大安全事故，构成犯罪的，依法追究刑事责任。

第四十九条　监理单位有下列行为之一的，责令限期改正；逾期未改正的，责令停业整顿，并处10万元以上30万元以下的罚款；情节严重的，提请相关部门降低资质等级，直至吊销资质证书；造成重大安全事故，构成犯罪的，对直接责任人员，依照刑法有关规定追究刑事责任；造成损失的，依法承担赔偿责任：

（一）未对重大安全技术措施或者专项施工方案进行审查的；

（二）发现安全事故隐患未及时要求施工单位整改或者暂时停止施工的；

（三）施工单位拒不整改或者不停止施工，未及时向有关主管部门报告的；

（四）未依照法律、法规和工程建设强制性标准实施监理的。

第五十条 违反本办法的规定，施工单位的主要负责人、项目负责人未履行安全生产管理职责的，责令限期改正；逾期未改正的，责令施工单位停业整顿；造成重大安全事故、重大伤亡事故或者其他严重后果，构成犯罪的，依照刑法有关规定追究刑事责任。

作业人员不服管理、违反规章制度和操作规程冒险作业造成重大伤亡事故或者其他严重后果，构成犯罪的，依照刑法有关规定追究刑事责任。

施工单位的主要负责人、项目负责人有前款违法行为，尚不够刑事处罚的，处 2 万元以上 20 万元以下的罚款或者按照管理权限给予撤职处分；自刑罚执行完毕或者受处分之日起，5 年内不得担任任何施工单位的主要负责人、项目负责人。

第十三章　中共中央国务院关于推进安全生产领域改革发展的意见

导读：2016年12月18日，中国政府网公布《中共中央国务院关于推进安全生产领域改革发展的意见》。该意见是新中国成立以来第一个以党中央、国务院名义出台的安全生产工作的纲领性文件，对推动安全生产工作具有里程碑式的重大意义。它明确了安全生产领域改革发展的主要方向和时间表路线图，着眼于解决当前安全生产面临的突出问题，从责任、体制、法治、防控、基础五个方面作出了一系列制度性安排，是当前和今后一个时期指导安全生产工作的行动纲领。本书主要摘录了与工程建设有关的安全生产领域的企业责任、责任考核和责任追究等内容。

第一节　企　业　责　任

一、严格落实企业主体责任

企业对本单位安全生产和职业健康工作负全面责任，要严格履行安全生产法定责任，建立健全自我约束、持续改进的内生机制。企业实行全员安全生产责任制度，法定代表人和实际控制人同为安全生产第一责任人，主要技术负责人负有安全生产技术决策和指挥权，强化部门安全生产职责，落实一岗双责。完善落实混合所有制企业以及跨地区、多层级和境外中资企业投资主体的安全生产责任。建立企业全过程安全生产和职业健康管理制度，做到安全责任、管理、投入、培训和应急救援“五到位”。国有企业要发挥安全生产工作示范带头作用，自觉接受属地监管。

二、强化企业预防措施

企业要定期开展风险评估和危害辨识。针对高危工艺、设备、物品、场所和岗位，建立分级管控制度，制定落实安全操作规程。树立隐患就是事故的观念，建立健全隐患排查治理制度、重大隐患治理情况向负有安全生产监督管理职责的部门和企业职代会“双报告”制度，实行自查自改自报闭环管理。严格执行安全生产和职业健康“三同时”制度。大力推进企业安全生产标准化建设，实现安全管理、操作行为、设备设施和作业环境的标准化。开展经常性的应急演练和人员避险自救培训，着力提升现场应急处置能力。

第二节 责任考核

一、健全责任考核机制

建立与全面建成小康社会相适应和体现安全发展水平的考核评价体系。完善考核制度，统筹整合、科学设定安全生产考核指标，加大安全生产在社会治安综合治理、精神文明建设等考核中的权重。各级政府要对同级安全生产委员会成员单位和下级政府实施严格的安全生产工作责任考核，实行过程考核与结果考核相结合。各地区各单位要建立安全生产绩效与履职评定、职务晋升、奖励惩处挂钩制度，严格落实安全生产“一票否决”制度。

二、完善安全投入长效机制

加强中央和地方财政安全生产预防及应急相关资金使用管理，加大安全生产与职业健康投入，强化审计监督。加强安全生产经济政策研究，完善安全生产专用设备企业所得税优惠目录。落实企业安全生产费用提取管理使用制度，建立企业增加安全投入的激励约束机制。健全投融资服务体系，引导企业集聚发展灾害防治、预测预警、检测监控、个体防护、应急处置、安全文化等技术、装备和服务产业。

三、健全安全宣传教育体系

将安全生产监督管理纳入各级党政领导干部培训内容。把安全知识普及纳入国民教育，建立完善中小学安全教育和高危行业职业安全教育体系。把安全生产纳入农民工技能培训内容。严格落实企业安全教育培训制度，切实做到先培训、后上岗。推进安全文化建设，加强警示教育，强化全民安全意识和法治意识。发挥工会、共青团、妇联等群团组织作用，依法维护职工群众的知情权、参与权与监督权。加强安全生产公益宣传和舆论监督。

第三节 责任追究

严格责任追究制度。实行党政领导干部任期安全生产责任制，日常工作依责尽职、发生事故依责追究。依法依规制定各有关部门安全生产权力和责任清单，尽职照单免责、失职照单问责。建立企业生产经营全过程安全责任追溯制度。严肃查处安全生产领域项目审批、行政许可、监管执法中的失职渎职和权钱交易等腐败行为。严格事故直报制度，对瞒报、谎报、漏报、迟报事故的单位和个人依法依规追责。对被追究刑事责任的生产经营者依法实施相应的职业禁入，对事故发生负有重大责任的社会服务机构和人员依法严肃追究法律责任，并依法实施相应的行业禁入。

第十四章　国务院关于特大安全事故行政责任追究的规定

导读：《国务院关于特大安全事故行政责任追究的规定》（国务院令第302号）于2001年4月21日颁布施行，该规定明确了对地方人民政府等实行特大安全事故行政责任追究制度，为落实安全生产责任制提供法律保障，是有效防范特大安全事故发生、促进安全生产工作、保障人民群众生命财产安全的一项重要举措。《国务院关于特大安全事故行政责任追究的规定》共24条，适用于地方人民政府和政府有关部门相关负责人、特大安全事故肇事单位和个人等，主要内容包括各级人民政府和有关部门对特大安全事故的安全职责以及相关处分规定。本书主要摘录了与工程建设有关的特大安全事故涉及企业和相关人员责任追究内容及特大安全事故的具体标准等内容。

第一节　对特大安全事故涉及企业和相关人员责任追究的条款

第二条　地方人民政府主要领导人和政府有关部门正职负责人对下列特大安全事故的防范、发生，依照法律、行政法规和本规定的规定有失职、渎职情形或者负有领导责任的，依照本规定给予行政处分；构成玩忽职守罪或者其他罪的，依法追究刑事责任：

（一）特大火灾事故；

（二）特大交通安全事故；

（三）特大建筑质量安全事故；

（四）民用爆炸物品和化学危险品特大安全事故；

（五）煤矿和其他矿山特大安全事故；

（六）锅炉、压力容器、压力管道和特种设备特大安全事故；

（七）其他特大安全事故。

地方人民政府和政府有关部门对特大安全事故的防范、发生直接负责的主管人员和其他直接责任人员，比照本规定给予行政处分；构成玩忽职守罪或者其他罪的，依法追究刑事责任。

特大安全事故肇事单位和个人的刑事处罚、行政处罚和民事责任，依照有关法律、法规和规章的规定执行。

第二节 特大安全事故的具体标准

第三条 特大安全事故的具体标准，按照国家有关规定执行。

根据《生产安全事故报告和调查处理条例》第三条，特别重大事故是指造成 30 人以上死亡，或者 100 人以上重伤（包括急性工业中毒，下同），或者 1 亿元以上直接经济损失的事故。

根据《电力安全事故应急处置和调查处理条例》第三条，根据电力安全事故（以下简称事故）影响电力系统安全稳定运行或者影响电力（热力）正常供应的程度，事故分为特别重大事故、重大事故、较大事故和一般事故。特别重大事故包括：区域性电网减供负荷 30%以上；电网负荷 20 000 兆瓦以上的省、自治区电网，减供负荷 30%以上；电网负荷 5000 兆瓦以上 20 000 兆瓦以下的省、自治区电网，减供负荷 40%以上；直辖市电网减供负荷 50%以上；电网负荷 2000 兆瓦以上的省、自治区人民政府所在地城市电网减供负荷 60%以上；直辖市 60%以上供电用户停电；电网负荷 2000 兆瓦以上的省、自治区人民政府所在地城市 70%以上供电用户停电。

第三节 对违反规定的政府部门或者机构的行政责任追究

第十一条 依法对涉及安全生产事项负责行政审批（包括批准、核准、许可、注册、认证、颁发证照、竣工验收等，下同）的政府部门或者机构，必须严格依照法律、法规和规章规定的安全条件和程序进行审查；不符合法律、法规和规章规定的安全条件的，不得批准；不符合法律、法规和规章规定的安全条件，弄虚作假，骗取批准或者勾结串通行政审批工作人员取得批准的，负责行政审批的政府部门或者机构除必须立即撤销原批准外，应当对弄虚作假骗取批准或者勾结串通行政审批工作人员的当事人依法给予行政处罚；构成行贿罪或者其他罪的，依法追究刑事责任。

负责行政审批的政府部门或者机构违反前款规定，对不符合法律、法规和规章规定的安全条件予以批准的，对部门或者机构的正职负责人，根据情节轻重，给予降级、撤职直至开除公职的行政处分；与当事人勾结串通的，应当开除公职；构成受贿罪、玩忽职守罪或者其他罪的，依法追究刑事责任。

第十二条 第二款 负责行政审批的政府部门或者机构违反前款规定，不对取得批准的单位和个人实施严格监督检查，或者发现其不再具备安全条件而不立即撤销原批准的，对部门或者机构的正职负责人，根据情节轻重，给予降级或者撤职的行政处分；构成受贿罪、玩忽职守罪或者其他罪的，依法追究刑事责任。

第十三条 第二款 负责行政审批的政府部门或者机构违反前款规定，对发现或者

举报的未依法取得批准而擅自从事有关活动的，不予查封、取缔、不依法给予行政处罚，工商行政管理部门不予吊销营业执照的，对部门或者机构的正职负责人，根据情节轻重，给予降级或者撤职的行政处分；构成受贿罪、玩忽职守罪或者其他罪的，依法追究刑事责任。

第十四条　市（地、州）、县（市、区）人民政府依照本规定应当履行职责而未履行，或者未按照规定的职责和程序履行，本地区发生特大安全事故的，对政府主要领导人，根据情节轻重，给予降级或者撤职的行政处分；构成玩忽职守罪的，依法追究刑事责任。

负责行政审批的政府部门或者机构、负责安全监督管理的政府有关部门，未依照本规定履行职责，发生特大安全事故的，对部门或者机构的正职负责人，根据情节轻重，给予撤职或者开除公职的行政处分；构成玩忽职守罪或者其他罪的，依法追究刑事责任。

第十五条　发生特大安全事故，社会影响特别恶劣或者性质特别严重的，由国务院对负有领导责任的省长、自治区主席、直辖市市长和国务院有关部门正职负责人给予行政处分。

第十六条　特大安全事故发生后，有关县（市、区）、市（地、州）和省、自治区、直辖市人民政府及政府有关部门应当按照国家规定的程序和时限立即上报，不得隐瞒不报、谎报或者拖延报告，并应当配合、协助事故调查，不得以任何方式阻碍、干涉事故调查。

特大安全事故发生后，有关地方人民政府及政府有关部门违反前款规定的，对政府主要领导人和政府部门正职负责人给予降级的行政处分。

第四节　对违反规定的经营单位的行政责任追究

第十二条　第一款　对依照本规定第十一条第一款的规定取得批准的单位和个人，负责行政审批的政府部门或者机构必须对其实施严格监督检查；发现其不再具备安全条件的，必须立即撤销原批准。

第十三条　第一款　对未依法取得批准，擅自从事有关活动的，负责行政审批的政府部门或者机构发现或者接到举报后，应当立即予以查封、取缔，并依法给予行政处罚；属于经营单位的，由工商行政管理部门依法相应吊销营业执照。

第五节　报告特大安全事故隐患的权利

第二十一条　任何单位和个人均有权向有关地方人民政府或者政府部门报告特大安全事故隐患，有权向上级人民政府或者政府部门举报地方人民政府或者政府部门不履行安全监督管理职责或者不按照规定履行职责的情况。

第十五章　安全生产培训管理办法

导读：最新版《安全生产培训管理办法》（国家安监总局44号令）于2015年2月26日经原国家安全生产监督管理总局局长办公会议通过，自2015年7月1日起施行。《安全生产培训管理办法》是为了加强安全生产培训管理，规范安全生产培训秩序，保证安全生产培训质量，促进安全生产培训工作健康发展，根据《安全生产法》和有关法律、行政法规制定的。该办法共包含7章38条，主要包括安全培训、安全培训考核、安全培训发证、监督管理等内容。本书主要摘录了培训机构、安全培训的考核及发证等内容。

第一节　培　训　机　构

第六条　除危险物品的生产、经营、储存单位和矿山、金属冶炼单位以外其他生产经营单位的主要负责人、安全生产管理人员及其他从业人员的安全培训大纲，由省级安全生产监督管理部门、省级煤矿安全培训监管机构组织制定。

第八条　生产经营单位的从业人员的安全培训，由生产经营单位负责。

第九条　对从业人员的安全培训，具备安全培训条件的生产经营单位应当以自主培训为主，也可以委托具备安全培训条件的机构进行安全培训。

不具备安全培训条件的生产经营单位，应当委托具有安全培训条件的机构对从业人员进行安全培训。生产经营单位委托其他机构进行安全培训的，保证安全培训的责任仍由本单位负责。

第二节　安　全　培　训

第十条　生产经营单位应当建立安全培训管理制度，保障从业人员安全培训所需经费，对从业人员进行与其所从事岗位相应的安全教育培训；从业人员调整工作岗位或者采用新工艺、新技术、新设备、新材料的，应当对其进行专门的安全教育和培训。未经安全教育和培训合格的从业人员，不得上岗作业。生产经营单位使用被派遣劳动者的，应当将被派遣劳动者纳入本单位从业人员统一管理，对被派遣劳动者进行岗位安全操作规程和安全操作技能的教育和培训。劳务派遣单位应当对被派遣劳动者进行必要的安全生产教育和培训。生产经营单位接收中等职业学校、高等学校学生实习的，应当对实习学生进行相应的安全生产教育和培训，提供必要的劳动防护用品。学校应当协助生产经

营单位对实习学生进行安全生产教育和培训。从业人员安全培训的时间、内容、参加人员以及考核结果等情况，生产经营单位应当如实记录并建档备查。

第十一条　生产经营单位从业人员的培训内容和培训时间，应当符合《生产经营单位安全培训规定》和有关标准的规定。

第十二条　中央企业的分公司、子公司及其所属单位和其他生产经营单位，发生造成人员死亡的生产安全事故的，其主要负责人和安全生产管理人员应当重新参加安全培训。特种作业人员对造成人员死亡的生产安全事故负有直接责任的，应当按照《特种作业人员安全技术培训考核管理规定》重新参加安全培训。

第十八条　安全监管监察人员、从事安全生产工作的相关人员、依照有关法律法规应当接受安全生产知识和管理能力考核的生产经营单位主要负责人和安全生产管理人员、特种作业人员的安全培训的考核，应当坚持教考分离、统一标准、统一题库、分级负责的原则，分步推行有远程视频监控的计算机考试。

第三节　安全培训的考核

第十九条　除危险物品的生产、经营、储存单位和矿山、金属冶炼单位以外其他生产经营单位主要负责人、安全生产管理人员及其他从业人员的考核标准，由省级安全生产监督管理部门制定。

第二十条　省级安全生产监督管理部门负责省属生产经营单位和中央企业分公司、子公司及其所属单位的主要负责人和安全生产管理人员的考核；负责特种作业人员的考核。除主要负责人、安全生产管理人员、特种作业人员以外的生产经营单位的其他从业人员的考核，由生产经营单位按照省级安全生产监督管理部门公布的考核标准，自行组织考核。

第四节　安全培训的发证

第二十二条　接受安全培训人员经考核合格的，由考核部门在考核结束后10个工作日内颁发相应的证书。

第二十三条　特种作业人员经考核合格后，颁发《中华人民共和国特种作业操作证》（以下简称特种作业操作证）；其他人员经培训合格后，颁发培训合格证。

第二十四条　培训合格证的式样，由负责培训考核的部门规定。

第二十五条　特种作业人员的考核发证按照《特种作业人员安全技术培训考核管理规定》执行。

第二十六条　特种作业操作证和省级安全生产监督管理部门、省级煤矿安全培训监管机构颁发的主要负责人、安全生产管理人员的安全合格证，在全国范围内有效。

第三十条　安全生产监督管理部门、煤矿安全培训监管机构应当对生产经营单位的安全培训情况进行监督检查，检查内容包括：

（一）安全培训制度、年度培训计划、安全培训管理档案的制定和实施的情况；

（二）安全培训经费投入和使用的情况；

（三）主要负责人、安全生产管理人员接受安全生产知识和管理能力考核的情况；

（四）特种作业人员持证上岗的情况；

（五）应用新工艺、新技术、新材料、新设备以及转岗前对从业人员安全培训的情况；

（六）其他从业人员安全培训的情况；

（七）法律法规规定的其他内容。

第十六章　生产安全事故应急预案管理办法

导读：《生产安全事故应急预案管理办法》（国家安全生产监督管理总局第 17 号令）是为规范生产安全事故应急预案管理工作，迅速有效处置生产安全事故，依据《中华人民共和国突发事件应对法》《中华人民共和国安全生产法》等法律和《突发事件应急预案管理办法》（国办发〔2013〕101 号）制定。由国家安全生产监督管理总局于 2009 年 4 月 1 日发布，自 2009 年 5 月 1 日起施行。2016 年 4 月 15 日，修订后的《生产安全事故应急预案管理办法》经国家安全生产监督管理总局第 13 次局长办公会议审议通过，于 2016 年 6 月 3 日公布，自 2016 年 7 月 1 日起施行。2019 年 6 月 24 日，《应急管理部关于修改〈生产安全事故应急预案管理办法〉的决定》经应急管理部第 20 次部务会议审议通过，于 2019 年 7 月 11 日公布，自 2019 年 9 月 1 日起施行。该办法共 7 章 49 条，包括应急预案的编制、应急预案的评审、应急预案的公布和备案、应急预案的实施、监督管理、法律责任等内容。本书主要摘录了与工程建设有关的生产安全事故应急预案编制与发布、评审发布与备案、培训演练与评估、应急预案的修订和应急准备的响应等内容。

第一节　应急预案的编制

第七条　应急预案的编制应当遵循以人为本、依法依规、符合实际、注重实效的原则，以应急处置为核心，明确应急职责、规范应急程序、细化保障措施。

第八条　应急预案的编制应当符合下列基本要求：

（一）有关法律、法规、规章和标准的规定；

（二）本地区、本部门、本单位的安全生产实际情况；

（三）本地区、本部门、本单位的危险性分析情况；

（四）应急组织和人员的职责分工明确，并有具体的落实措施；

（五）有明确、具体的应急程序和处置措施，并与其应急能力相适应；

（六）有明确的应急保障措施，满足本地区、本部门、本单位的应急工作需要；

（七）应急预案基本要素齐全、完整，应急预案附件提供的信息准确；

（八）应急预案内容与相关应急预案相互衔接。

第九条　编制应急预案应当成立编制工作小组，由本单位有关负责人任组长，吸收与应急预案有关的职能部门和单位的人员，以及有现场处置经验的人员参加。

第十条　编制应急预案前，编制单位应当进行事故风险辨识、评估和应急资源调查。

事故风险辨识、评估是指针对不同事故种类及特点，识别存在的危险危害因素，分析事故可能产生的直接后果以及次生、衍生后果，评估各种后果的危害程度和影响范围，提出防范和控制事故风险措施的过程。

应急资源调查是指全面调查本地区、本单位第一时间可以调用的应急资源状况和合作区域内可以请求援助的应急资源状况，并结合事故风险辨识评估结论制定应急措施的过程。

第十二条　生产经营单位应当根据有关法律、法规、规章和相关标准，结合本单位组织管理体系、生产规模和可能发生的事故特点，与相关预案保持衔接，确立本单位的应急预案体系，编制相应的应急预案，并体现自救互救和先期处置等特点。

第十三条　生产经营单位风险种类多、可能发生多种类型事故的，应当组织编制综合应急预案。

综合应急预案应当规定应急组织机构及其职责、应急预案体系、事故风险描述、预警及信息报告、应急响应、保障措施、应急预案管理等内容。

第十四条　对于某一种或者多种类型的事故风险，生产经营单位可以编制相应的专项应急预案，或将专项应急预案并入综合应急预案。

专项应急预案应当规定应急指挥机构与职责、处置程序和措施等内容。

第十五条　对于危险性较大的场所、装置或者设施，生产经营单位应当编制现场处置方案。现场处置方案应当规定应急工作职责、应急处置措施和注意事项等内容。事故风险单一、危险性小的生产经营单位，可以只编制现场处置方案。

第十六条　生产经营单位应急预案应当包括向上级应急管理机构报告的内容、应急组织机构和人员的联系方式、应急物资储备清单等附件信息。附件信息发生变化时，应当及时更新，确保准确有效。

第十七条　生产经营单位组织应急预案编制过程中，应当根据法律、法规、规章的规定或者实际需要，征求相关应急救援队伍、公民、法人或者其他组织的意见。

第十八条　生产经营单位编制的各类应急预案之间应当相互衔接，并与相关人民政府及其部门、应急救援队伍和涉及的其他单位的应急预案相衔接。

第十九条　生产经营单位应当在编制应急预案的基础上，针对工作场所、岗位的特点，编制简明、实用、有效的应急处置卡。

应急处置卡应当规定重点岗位、人员的应急处置程序和措施，以及相关联络人员和联系方式，便于从业人员携带。

第二节　应急预案的评审、发布与备案

第二十一条　矿山、金属冶炼企业和易燃易爆物品、危险化学品的生产、经营（带储存设施的，下同）、储存、运输企业，以及使用危险化学品达到国家规定数量的化工

企业、烟花爆竹生产、批发经营企业和中型规模以上的其他生产经营单位，应当对本单位编制的应急预案进行评审，并形成书面评审纪要。

前款规定以外的其他生产经营单位可以根据自身需要，对本单位编制的应急预案进行论证。

第二十二条　参加应急预案评审的人员应当包括有关安全生产及应急管理方面的专家。

评审人员与所评审应急预案的生产经营单位有利害关系的，应当回避。

第二十三条　应急预案的评审或者论证应当注重基本要素的完整性、组织体系的合理性、应急处置程序和措施的针对性、应急保障措施的可行性、应急预案的衔接性等内容。

第二十四条　生产经营单位的应急预案经评审或者论证后，由本单位主要负责人签署，向本单位从业人员公布，并及时发放到本单位有关部门、岗位和相关应急救援队伍。

事故风险可能影响周边其他单位、人员的，生产经营单位应当将有关事故风险的性质、影响范围和应急防范措施告知周边的其他单位和人员。

第二十六条　易燃易爆物品、危险化学品等危险物品的生产、经营、储存、运输单位，矿山、金属冶炼、城市轨道交通运营、建筑施工单位，以及宾馆、商场、娱乐场所、旅游景区等人员密集场所经营单位，应当在应急预案公布之日起 20 个工作日内，按照分级属地原则，向县级以上人民政府应急管理部门和其他负有安全生产监督管理职责的部门进行备案，并依法向社会公布。

前款所列单位属于中央企业的，其总部（上市公司）的应急预案，报国务院主管的负有安全生产监督管理职责的部门备案，并抄送应急管理部；其所属单位的应急预案报所在地的省、自治区、直辖市或者设区的市级人民政府主管的负有安全生产监督管理职责的部门备案，并抄送同级人民政府应急管理部门。

本条第一款所列单位不属于中央企业的，其中非煤矿山、金属冶炼和危险化学品生产、经营、储存、运输企业，以及使用危险化学品达到国家规定数量的化工企业、烟花爆竹生产、批发经营企业的应急预案，按照隶属关系报所在地县级以上地方人民政府应急管理部门备案；本款前述单位以外的其他生产经营单位应急预案的备案，由省、自治区、直辖市人民政府负有安全生产监督管理职责的部门确定。

第二十七条　生产经营单位申报应急预案备案，应当提交下列材料：

（一）应急预案备案申报表；

（二）本办法第二十一条所列单位，应当提供应急预案评审意见；

（三）应急预案电子文档；

（四）风险评估结果和应急资源调查清单。

第二十八条　受理备案登记的负有安全生产监督管理职责的部门应当在 5 个工作日内对应急预案材料进行核对，材料齐全的，应当予以备案并出具应急预案备案登记表；材料不齐全的，不予备案并一次性告知需要补齐的材料。逾期不予备案又不说明理由的，视为已经备案。

对于实行安全生产许可的生产经营单位，已经进行应急预案备案的，在申请安全生产许可证时，可以不提供相应的应急预案，仅提供应急预案备案登记表。

第二十九条 各级人民政府负有安全生产监督管理职责的部门应当建立应急预案备案登记建档制度，指导、督促生产经营单位做好应急预案的备案登记工作。

第三节 应急预案的培训、演练与评估

第三十一条 各级人民政府应急管理部门应当将本部门应急预案的培训纳入安全生产培训工作计划，并组织实施本行政区域内重点生产经营单位的应急预案培训工作。

生产经营单位应当组织开展本单位的应急预案、应急知识、自救互救和避险逃生技能的培训活动，使有关人员了解应急预案内容，熟悉应急职责、应急处置程序和措施。

应急培训的时间、地点、内容、师资、参加人员和考核结果等情况应当如实记入本单位的安全生产教育和培训档案。

第三十三条 生产经营单位应当制定本单位的应急预案演练计划，根据本单位的事故风险特点，每年至少组织一次综合应急预案演练或者专项应急预案演练，每半年至少组织一次现场处置方案演练。

易燃易爆物品、危险化学品等危险物品的生产、经营、储存、运输单位，矿山、金属冶炼、城市轨道交通运营、建筑施工单位，以及宾馆、商场、娱乐场所、旅游景区等人员密集场所经营单位，应当至少每半年组织一次生产安全事故应急预案演练，并将演练情况报送所在地县级以上地方人民政府负有安全生产监督管理职责的部门。

县级以上地方人民政府负有安全生产监督管理职责的部门应当对本行政区域内前款规定的重点生产经营单位的生产安全事故应急救援预案演练进行抽查；发现演练不符合要求的，应当责令限期改正。

第三十四条 应急预案演练结束后，应急预案演练组织单位应当对应急预案演练效果进行评估，撰写应急预案演练评估报告，分析存在的问题，并对应急预案提出修订意见。

第三十五条 应急预案编制单位应当建立应急预案定期评估制度，对预案内容的针对性和实用性进行分析，并对应急预案是否需要修订作出结论。

矿山、金属冶炼、建筑施工企业和易燃易爆物品、危险化学品等危险物品的生产、经营、储存、运输企业、使用危险化学品达到国家规定数量的化工企业、烟花爆竹生产、批发经营企业和中型规模以上的其他生产经营单位，应当每三年进行一次应急预案评估。

应急预案评估可以邀请相关专业机构或者有关专家、有实际应急救援工作经验的人员参加，必要时可以委托安全生产技术服务机构实施。

第四节 应急预案的修订

第三十六条 有下列情形之一的，应急预案应当及时修订并归档：

（一）依据的法律、法规、规章、标准及上位预案中的有关规定发生重大变化的；

（二）应急指挥机构及其职责发生调整的；

（三）安全生产面临的风险发生重大变化的；

（四）重要应急资源发生重大变化的；

（五）在应急演练和事故应急救援中发现需要修订预案的重大问题的；

（六）编制单位认为应当修订的其他情况。

第三十七条　应急预案修订涉及组织指挥体系与职责、应急处置程序、主要处置措施、应急响应分级等内容变更的，修订工作应当参照本办法规定的应急预案编制程序进行，并按照有关应急预案报备程序重新备案。

第五节　应急准备与响应

第三十八条　生产经营单位应当按照应急预案的规定，落实应急指挥体系、应急救援队伍、应急物资及装备，建立应急物资、装备配备及其使用档案，并对应急物资、装备进行定期检测和维护，使其处于适用状态。

第三十九条　生产经营单位发生事故时，应当第一时间启动应急响应，组织有关力量进行救援，并按照规定将事故信息及应急响应启动情况报告事故发生地县级以上人民政府应急管理部门和其他负有安全生产监督管理职责的部门。

第四十条　生产安全事故应急处置和应急救援结束后，事故发生单位应当对应急预案实施情况进行总结评估。

第十七章　危险性较大的分部分项工程安全管理规定

导读：《危险性较大的分部分项工程安全管理规定》（住房城乡建设部令第37号）经住房城乡建设部2018年2月12日第37次部常务会议审议通过，于2018年3月8日印发，自2018年6月1日起施行。该规定共七章四十条。本书主要摘录了参与工程建设的建设、勘察、设计、施工、监理等单位的管理责任。

为深入贯彻实施《危险性较大的分部分项工程安全管理规定》（住房城乡建设部令第37号），进一步加强和规范房屋建筑和市政基础设施工程中危险性较大的工程（以下简称危大工程）安全管理，住房城乡建设部办公厅于2018年5月17日印发了《关于实施〈危险性较大的分部分项工程安全管理规定〉有关问题的通知》（建办质〔2018〕31号）。本书主要摘录了危大工程范围、专项施工方案内容、专家论证会参会人员、专家论证内容、专项施工方案修改、验收人员等内容。

第一节　《危险性较大的分部分项工程安全管理规定》

一、建设单位管理责任

第五条　建设单位应当依法提供真实、准确、完整的工程地质、水文地质和工程周边环境等资料。

第七条　建设单位应当组织勘察、设计等单位在施工招标文件中列出危大工程清单，要求施工单位在投标时补充完善危大工程清单并明确相应的安全管理措施。

第八条　建设单位应当按照施工合同约定及时支付危大工程施工技术措施费以及相应的安全防护文明施工措施费，保障危大工程施工安全。

第九条　建设单位在申请办理安全监督手续时，应当提交危大工程清单及其安全管理措施等资料。

第二十条　对于按照规定需要进行第三方监测的危大工程，建设单位应当委托具有相应勘察资质的单位进行监测。

监测单位应当编制监测方案。监测方案由监测单位技术负责人审核签字并加盖单位公章，报送监理单位后方可实施。

监测单位应当按照监测方案开展监测，及时向建设单位报送监测成果，并对监测成果负责；发现异常时，及时向建设、设计、施工、监理单位报告，建设单位应当立即组织相关单位采取处置措施。

第二十三条 危大工程应急抢险结束后，建设单位应当组织勘察、设计、施工、监理等单位制定工程恢复方案，并对应急抢险工作进行后评估。

第二十九条 建设单位有下列行为之一的，责令限期改正，并处1万元以上3万元以下的罚款；对直接负责的主管人员和其他直接责任人员处1000元以上5000元以下的罚款：

（一）未按照本规定提供工程周边环境等资料的；

（二）未按照本规定在招标文件中列出危大工程清单的；

（三）未按照施工合同约定及时支付危大工程施工技术措施费或者相应的安全防护文明施工措施费的；

（四）未按照本规定委托具有相应勘察资质的单位进行第三方监测的；

（五）未对第三方监测单位报告的异常情况组织采取处置措施的。

二、勘查单位管理责任

第六条 勘察单位应当根据工程实际及工程周边环境资料，在勘察文件中说明地质条件可能造成的工程风险。

设计单位应当在设计文件中注明涉及危大工程的重点部位和环节，提出保障工程周边环境安全和工程施工安全的意见，必要时进行专项设计。

第三十条 勘察单位未在勘察文件中说明地质条件可能造成的工程风险的，责令限期改正，依照《建设工程安全生产管理条例》对单位进行处罚；对直接负责的主管人员和其他直接责任人员处1000元以上5000元以下的罚款。

三、设计单位管理责任

第六条 勘察单位应当根据工程实际及工程周边环境资料，在勘察文件中说明地质条件可能造成的工程风险。

设计单位应当在设计文件中注明涉及危大工程的重点部位和环节，提出保障工程周边环境安全和工程施工安全的意见，必要时进行专项设计。

第三十一条 设计单位未在设计文件中注明涉及危大工程的重点部位和环节，未提出保障工程周边环境安全和工程施工安全的意见的，责令限期改正，并处1万元以上3万元以下的罚款；对直接负责的主管人员和其他直接责任人员处1000元以上5000元以下的罚款。

四、施工单位管理责任

第十条 施工单位应当在危大工程施工前组织工程技术人员编制专项施工方案。

实行施工总承包的，专项施工方案应当由施工总承包单位组织编制。危大工程实行分包的，专项施工方案可以由相关专业分包单位组织编制。

第十一条 专项施工方案应当由施工单位技术负责人审核签字、加盖单位公章，并由总监理工程师审查签字、加盖执业印章后方可实施。

危大工程实行分包并由分包单位编制专项施工方案的，专项施工方案应当由总承包单位技术负责人及分包单位技术负责人共同审核签字并加盖单位公章。

第十二条 对于超过一定规模的危大工程，施工单位应当组织召开专家论证会对专项施工方案进行论证。实行施工总承包的，由施工总承包单位组织召开专家论证会。专家论证前专项施工方案应当通过施工单位审核和总监理工程师审查。

专家应当从地方人民政府住房城乡建设主管部门建立的专家库中选取，符合专业要求且人数不得少于5名。与本工程有利害关系的人员不得以专家身份参加专家论证会。

第十三条 专家论证会后，应当形成论证报告，对专项施工方案提出通过、修改后通过或者不通过的一致意见。专家对论证报告负责并签字确认。

专项施工方案经论证需修改后通过的，施工单位应当根据论证报告修改完善后，重新履行本规定第十一条的程序。

专项施工方案经论证不通过的，施工单位修改后应当按照本规定的要求重新组织专家论证。

第十四条 施工单位应当在施工现场显著位置公告危大工程名称、施工时间和具体责任人员，并在危险区域设置安全警示标志。

第十五条 专项施工方案实施前，编制人员或者项目技术负责人应当向施工现场管理人员进行方案交底。

施工现场管理人员应当向作业人员进行安全技术交底，并由双方和项目专职安全生产管理人员共同签字确认。

第十六条 施工单位应当严格按照专项施工方案组织施工，不得擅自修改专项施工方案。

因规划调整、设计变更等原因确需调整的，修改后的专项施工方案应当按照本规定重新审核和论证。涉及资金或者工期调整的，建设单位应当按照约定予以调整。

第十七条 施工单位应当对危大工程施工作业人员进行登记，项目负责人应当在施工现场履职。

项目专职安全生产管理人员应当对专项施工方案实施情况进行现场监督，对未按照专项施工方案施工的，应当要求立即整改，并及时报告项目负责人，项目负责人应当及时组织限期整改。

施工单位应当按照规定对危大工程进行施工监测和安全巡视，发现危及人身安全的紧急情况，应当立即组织作业人员撤离危险区域。

第二十一条 对于按照规定需要验收的危大工程，施工单位、监理单位应当组织相关人员进行验收。验收合格的，经施工单位项目技术负责人及总监理工程师签字确认后，方可进入下一道工序。

危大工程验收合格后，施工单位应当在施工现场明显位置设置验收标识牌，公示验收时间及责任人员。

第二十二条　危大工程发生险情或者事故时，施工单位应当立即采取应急处置措施，并报告工程所在地住房城乡建设主管部门。建设、勘察、设计、监理等单位应当配合施工单位开展应急抢险工作。

第二十四条　施工、监理单位应当建立危大工程安全管理档案。

施工单位应当将专项施工方案及审核、专家论证、交底、现场检查、验收及整改等相关资料纳入档案管理。

监理单位应当将监理实施细则、专项施工方案审查、专项巡视检查、验收及整改等相关资料纳入档案管理。

第三十二条　施工单位未按照本规定编制并审核危大工程专项施工方案的，依照《建设工程安全生产管理条例》对单位进行处罚，并暂扣安全生产许可证30日；对直接负责的主管人员和其他直接责任人员处1000元以上5000元以下的罚款。

第三十三条　施工单位有下列行为之一的，依照《中华人民共和国安全生产法》《建设工程安全生产管理条例》对单位和相关责任人员进行处罚：

（一）未向施工现场管理人员和作业人员进行方案交底和安全技术交底的；

（二）未在施工现场显著位置公告危大工程，并在危险区域设置安全警示标志的；

（三）项目专职安全生产管理人员未对专项施工方案实施情况进行现场监督的。

第三十四条　施工单位有下列行为之一的，责令限期改正，处1万元以上3万元以下的罚款，并暂扣安全生产许可证30日；对直接负责的主管人员和其他直接责任人员处1000元以上5000元以下的罚款：

（一）未对超过一定规模的危大工程专项施工方案进行专家论证的；

（二）未根据专家论证报告对超过一定规模的危大工程专项施工方案进行修改，或者未按照本规定重新组织专家论证的；

（三）未严格按照专项施工方案组织施工，或者擅自修改专项施工方案的。

第三十五条　施工单位有下列行为之一的，责令限期改正，并处1万元以上3万元以下的罚款；对直接负责的主管人员和其他直接责任人员处1000元以上5000元以下的罚款：

（一）项目负责人未按照本规定现场履职或者组织限期整改的；

（二）施工单位未按照本规定进行施工监测和安全巡视的；

（三）未按照本规定组织危大工程验收的；

（四）发生险情或者事故时，未采取应急处置措施的；

（五）未按照本规定建立危大工程安全管理档案的。

五、监理单位管理责任

第十八条　监理单位应当结合危大工程专项施工方案编制监理实施细则，并对危大工程施工实施专项巡视检查。

第十九条　监理单位发现施工单位未按照专项施工方案施工的，应当要求其进行整改；情节严重的，应当要求其暂停施工，并及时报告建设单位。施工单位拒不整改或者不停止施工的，监理单位应当及时报告建设单位和工程所在地住房城乡建设主管部门。

第二十一条 对于按照规定需要验收的危大工程，施工单位、监理单位应当组织相关人员进行验收。验收合格的，经施工单位项目技术负责人及总监理工程师签字确认后，方可进入下一道工序。

危大工程验收合格后，施工单位应当在施工现场明显位置设置验收标识牌，公示验收时间及责任人员。

第二十四条 施工、监理单位应当建立危大工程安全管理档案。

施工单位应当将专项施工方案及审核、专家论证、交底、现场检查、验收及整改等相关资料纳入档案管理。

监理单位应当将监理实施细则、专项施工方案审查、专项巡视检查、验收及整改等相关资料纳入档案管理。

第三十六条 监理单位有下列行为之一的，依照《中华人民共和国安全生产法》《建设工程安全生产管理条例》对单位进行处罚；对直接负责的主管人员和其他直接责任人员处1000元以上5000元以下的罚款：

（一）总监理工程师未按照本规定审查危大工程专项施工方案的；

（二）发现施工单位未按照专项施工方案实施，未要求其整改或者停工的；

（三）施工单位拒不整改或者不停止施工时，未向建设单位和工程所在地住房城乡建设主管部门报告的。

第三十七条 监理单位有下列行为之一的，责令限期改正，并处1万元以上3万元以下的罚款；对直接负责的主管人员和其他直接责任人员处1000元以上5000元以下的罚款：

（一）未按照本规定编制监理实施细则的；

（二）未对危大工程施工实施专项巡视检查的；

（三）未按照本规定参与组织危大工程验收的；

（四）未按照本规定建立危大工程安全管理档案的。

第二节 《住房城乡建设部办公厅关于实施〈危险性较大的分部分项工程安全管理规定〉有关问题的通知》(建办质［2018］31号)

一、关于危大工程范围

危大工程范围和超过一定规模的危大工程范围分别如下：

(一)危险性较大的分部分项工程范围

1. 基坑工程

（1）开挖深度超过3m（含3m）的基坑（槽）的土方开挖、支护、降水工程。

（2）开挖深度虽未超过 3m，但地质条件、周围环境和地下管线复杂，或影响毗邻建、构筑物安全的基坑（槽）的土方开挖、支护、降水工程。

2. 模板工程及支撑体系

（1）各类工具式模板工程：包括滑模、爬模、飞模、隧道模等工程。

（2）混凝土模板支撑工程：搭设高度 5m 及以上，或搭设跨度 10m 及以上，或施工总荷载（荷载效应基本组合的设计值，以下简称设计值）$10kN/m^2$ 及以上，或集中线荷载（设计值）15kN/m 及以上，或高度大于支撑水平投影宽度且相对独立无联系构件的混凝土模板支撑工程。

（3）承重支撑体系：用于钢结构安装等满堂支撑体系。

3. 起重吊装及起重机械安装拆卸工程

（1）采用非常规起重设备、方法，且单件起吊重量在 10kN 及以上的起重吊装工程。

（2）采用起重机械进行安装的工程。

（3）起重机械安装和拆卸工程。

4. 脚手架工程

（1）搭设高度 24m 及以上的落地式钢管脚手架工程（包括采光井、电梯井脚手架）。

（2）附着式升降脚手架工程。

（3）悬挑式脚手架工程。

（4）高处作业吊篮。

（5）卸料平台、操作平台工程。

（6）异型脚手架工程。

5. 拆除工程

可能影响行人、交通、电力设施、通信设施或其他建、构筑物安全的拆除工程。

6. 暗挖工程

采用矿山法、盾构法、顶管法施工的隧道、洞室工程。

7. 其他

（1）建筑幕墙安装工程。

（2）钢结构、网架和索膜结构安装工程。

（3）人工挖孔桩工程。

（4）水下作业工程。

（5）装配式建筑混凝土预制构件安装工程。

（6）采用新技术、新工艺、新材料、新设备可能影响工程施工安全，尚无国家、行业及地方技术标准的分部分项工程。

（二）超过一定规模的危险性较大的分部分项工程范围

1. 深基坑工程

开挖深度超过 5m（含 5m）的基坑（槽）的土方开挖、支护、降水工程。

2. 模板工程及支撑体系

（1）各类工具式模板工程：包括滑模、爬模、飞模、隧道模等工程。

（2）混凝土模板支撑工程：搭设高度8m及以上，或搭设跨度18m及以上，或施工总荷载（设计值）15kN/m^2及以上，或集中线荷载（设计值）20kN/m及以上。

（3）承重支撑体系：用于钢结构安装等满堂支撑体系，承受单点集中荷载7kN及以上。

3. 起重吊装及起重机械安装拆卸工程

（1）采用非常规起重设备、方法，且单件起吊重量在100kN及以上的起重吊装工程。

（2）起重量300kN及以上，或搭设总高度200m及以上，或搭设基础标高在200m及以上的起重机械安装和拆卸工程。

4. 脚手架工程

（1）搭设高度50m及以上的落地式钢管脚手架工程。

（2）提升高度在150m及以上的附着式升降脚手架工程或附着式升降操作平台工程。

（3）分段架体搭设高度20m及以上的悬挑式脚手架工程。

5. 拆除工程

（1）码头、桥梁、高架、烟囱、水塔或拆除中容易引起有毒有害气（液）体或粉尘扩散、易燃易爆事故发生的特殊建、构筑物的拆除工程。

（2）文物保护建筑、优秀历史建筑或历史文化风貌区影响范围内的拆除工程。

6. 暗挖工程

采用矿山法、盾构法、顶管法施工的隧道、洞室工程。

7. 其他

（1）施工高度50m及以上的建筑幕墙安装工程。

（2）跨度36m及以上的钢结构安装工程，或跨度60m及以上的网架和索膜结构安装工程。

（3）开挖深度16m及以上的人工挖孔桩工程。

（4）水下作业工程。

（5）重量1000kN及以上的大型结构整体顶升、平移、转体等施工工艺。

（6）采用新技术、新工艺、新材料、新设备可能影响工程施工安全，尚无国家、行业及地方技术标准的分部分项工程。

二、关于专项施工方案内容

危大工程专项施工方案的主要内容应当包括：

（1）工程概况：危大工程概况和特点、施工平面布置、施工要求和技术保证条件；

（2）编制依据：相关法律、法规、规范性文件、标准、规范及施工图设计文件、施工组织设计等；

（3）施工计划：包括施工进度计划、材料与设备计划；

（4）施工工艺技术：技术参数、工艺流程、施工方法、操作要求、检查要求等；

（5）施工安全保证措施：组织保障措施、技术措施、监测监控措施等；

（6）施工管理及作业人员配备和分工：施工管理人员、专职安全生产管理人员、特

种作业人员、其他作业人员等；

（7）验收要求：验收标准、验收程序、验收内容、验收人员等；

（8）应急处置措施；

（9）计算书及相关施工图纸。

三、关于专家论证会参会人员

超过一定规模的危大工程专项施工方案专家论证会的参会人员应当包括：

（1）专家；

（2）建设单位项目负责人；

（3）有关勘察、设计单位项目技术负责人及相关人员；

（4）总承包单位和分包单位技术负责人或授权委派的专业技术人员、项目负责人、项目技术负责人、专项施工方案编制人员、项目专职安全生产管理人员及相关人员；

（5）监理单位项目总监理工程师及专业监理工程师。

四、关于专家论证内容

对于超过一定规模的危大工程专项施工方案，专家论证的主要内容应当包括：

（1）专项施工方案内容是否完整、可行；

（2）专项施工方案计算书和验算依据、施工图是否符合有关标准规范；

（3）专项施工方案是否满足现场实际情况，并能够确保施工安全。

五、关于专项施工方案修改

超过一定规模的危大工程专项施工方案经专家论证后结论为“通过”的，施工单位可参考专家意见自行修改完善；结论为“修改后通过”的，专家意见要明确具体修改内容，施工单位应当按照专家意见进行修改，并履行有关审核和审查手续后方可实施，修改情况应及时告知专家。

七、关于验收人员

危大工程验收人员应当包括：

（1）总承包单位和分包单位技术负责人或授权委派的专业技术人员、项目负责人、项目技术负责人、专项施工方案编制人员、项目专职安全生产管理人员及相关人员；

（2）监理单位项目总监理工程师及专业监理工程师；

（3）有关勘察、设计和监测单位项目技术负责人。

第十八章　工贸企业有限空间作业安全管理与监督暂行规定

导读：为了加强对冶金、有色、建材、机械、轻工、纺织、烟草、商贸企业（以下统称工贸企业）有限空间作业的安全管理与监督，预防和减少生产安全事故，保障作业人员的安全与健康，根据《中华人民共和国安全生产法》等法律、行政法规，制定《工贸企业有限空间作业安全管理与监督暂行规定》。本规定经2013年5月20日国家安全监管总局令第59号公布，根据2015年5月29日国家安全监管总局令第80号修正，共五章三十一条。本书主要摘编了有限空间定义、企业对有限空间作业的管理、人员在有限空间作业中应遵守的要求等内容。

第一节　有限空间的定义

第二条　本规定所称有限空间是指封闭或者部分封闭，与外界相对隔离，出入口较为狭窄，作业人员不能长时间在内工作，自然通风不良，易造成有毒有害、易燃易爆物质积聚或者氧含量不足的空间。工贸企业有限空间的目录由国家安全生产监督管理总局确定、调整并公布。

第二节　企业对有限空间作业的管理

第五条　存在有限空间作业的工贸企业应当建立下列安全生产制度和规程：

（一）有限空间作业安全责任制度；

（二）有限空间作业审批制度；

（三）有限空间作业现场安全管理制度；

（四）有限空间作业现场负责人、监护人员、作业人员、应急救援人员安全培训教育制度；

（五）有限空间作业应急管理制度；

（六）有限空间作业安全操作规程。

第六条　工贸企业应当对从事有限空间作业的现场负责人、监护人员、作业人员、应急救援人员进行专项安全培训。专项安全培训应当包括下列内容：

（一）有限空间作业的危险有害因素和安全防范措施；

（二）有限空间作业的安全操作规程；

（三）检测仪器、劳动防护用品的正确使用；

（四）紧急情况下的应急处置措施。安全培训应当有专门记录，并由参加培训的人员签字确认。

第七条 工贸企业应当对本企业的有限空间进行辨识，确定有限空间的数量、位置以及危险有害因素等基本情况，建立有限空间管理台账，并及时更新。

第八条 工贸企业实施有限空间作业前，应当对作业环境进行评估，分析存在的危险有害因素，提出消除、控制危害的措施，制定有限空间作业方案，并经本企业安全生产管理人员审核，负责人批准。

第九条 工贸企业应当按照有限空间作业方案，明确作业现场负责人、监护人员、作业人员及其安全职责。

第十条 工贸企业实施有限空间作业前，应当将有限空间作业方案和作业现场可能存在的危险有害因素、防控措施告知作业人员。现场负责人应当监督作业人员按照方案进行作业准备。

第十一条 工贸企业应当采取可靠的隔断（隔离）措施，将可能危及作业安全的设施设备、存在有毒有害物质的空间与作业地点隔开。

第十二条 有限空间作业应当严格遵守“先通风、再检测、后作业”的原则。检测指标包括氧浓度、易燃易爆物质（可燃性气体、爆炸性粉尘）浓度、有毒有害气体浓度。检测应当符合相关国家标准或者行业标准的规定。未经通风和检测合格，任何人员不得进入有限空间作业。检测的时间不得早于作业开始前 30 分钟。

第十五条 在有限空间作业过程中，工贸企业应当采取通风措施，保持空气流通，禁止采用纯氧通风换气。发现通风设备停止运转、有限空间内氧含量浓度低于或者有毒有害气体浓度高于国家标准或者行业标准规定的限值时，工贸企业必须立即停止有限空间作业，清点作业人员，撤离作业现场。

第十六条 在有限空间作业过程中，工贸企业应当对作业场所中的危险有害因素进行定时检测或者连续监测。作业中断超过 30 分钟，作业人员再次进入有限空间作业前，应当重新通风、检测合格后方可进入。

第十七条 有限空间作业场所的照明灯具电压应当符合《特低电压限值》（GB/T 3805）等国家标准或者行业标准的规定；作业场所存在可燃性气体、粉尘的，其电气设施设备及照明灯具的防爆安全要求应当符合《爆炸性环境 第一部分：设备通用要求》（GB 3836.1）等国家标准或者行业标准的规定。

第十八条 工贸企业应当根据有限空间存在危险有害因素的种类和危害程度，为作业人员提供符合国家标准或者行业标准规定的劳动防护用品，并教育监督作业人员正确佩戴与使用。

第十九条 工贸企业有限空间作业还应当符合下列要求：

（一）保持有限空间出入口畅通；

（二）设置明显的安全警示标志和警示说明；

（三）作业前清点作业人员和工器具；

（四）作业人员与外部有可靠的通信联络；

（五）监护人员不得离开作业现场，并与作业人员保持联系；

（六）存在交叉作业时，采取避免互相伤害的措施。

第二十一条 工贸企业应当根据本企业有限空间作业的特点，制定应急预案，并配备相关的呼吸器、防毒面罩、通信设备、安全绳索等应急装备和器材。有限空间作业的现场负责人、监护人员、作业人员和应急救援人员应当掌握相关应急预案内容，定期进行演练，提高应急处置能力。

第二十二条 工贸企业将有限空间作业发包给其他单位实施的，应当发包给具备国家规定资质或者安全生产条件的承包方，并与承包方签订专门的安全生产管理协议或者在承包合同中明确各自的安全生产职责。工贸企业应当对承包单位的安全生产工作统一协调、管理，定期进行安全检查，发现安全问题的，应当及时督促整改。工贸企业对其发包的有限空间作业安全承担主体责任。承包方对其承包的有限空间作业安全承担直接责任。

第三节 人员在有限空间作业中应遵守的要求

第十三条 检测人员进行检测时，应当记录检测的时间、地点、气体种类、浓度等信息。检测记录经检测人员签字后存档。检测人员应当采取相应的安全防护措施，防止中毒窒息等事故发生。

第十四条 有限空间内盛装或者残留的物料对作业存在危害时，作业人员应当在作业前对物料进行清洗、清空或者置换。经检测，有限空间的危险有害因素符合《工作场所有害因素职业接触限值 第一部分：化学有害因素》（GB Z2.1）的要求后，方可进入有限空间作业。

第二十条 有限空间作业结束后，作业现场负责人、监护人员应当对作业现场进行清理，撤离作业人员。

第二十三条 有限空间作业中发生事故后，现场有关人员应当立即报警，禁止盲目施救。应急救援人员实施救援时，应当做好自身防护，佩戴必要的呼吸器具、救援器材。

第十九章　货运架空索道安全规范

导读：《货运架空索道安全规范》(GB 12141—1989)由国家技术监督局颁布的适用于货运架空索道的国家标准，于1989年5月1日正式施行，于2008年修订(GB 12141—2008)。该标准共五章七十一条，规定了货运架空索道在设计、制造、检验、使用和管理等方面最基本的安全要求。本章主要摘编了货运架空索道的分类，支架、钢丝绳、牵引装置的标准，验收运行、索道运行和索道跨越、钻越、架设的相关要求。

第一节　索道的分类标准

第一条　按照索道实际用途可分为货运索道、客运索道。

第二条　按运输载荷可分为1000kg级索道、2000kg级索道、4000kg级索道。

第三条　按照采取的运输方式分为循环式索道、往复式索道、缆式索道等。

第四条　按照索道运行小车轨道数量可分为单索索道、多索索道等。

第五条　按照索道有无中间支架可分为单跨索道、多跨索道等。

第二节　支架、钢丝绳、牵引装置的标准

一、支架标准

第六条　索道支架的标准节应具有可互换性，采用开口型材时，其壁厚不得小于5mm；采用闭口型材时，其壁厚不得小于2.5mm，且内壁进行防腐处理。

第七条　支架所有钢结构部件应采取有效防腐蚀措施，防腐蚀措施宜选用热镀锌方式。

第八条　索道支架横梁应设置100kN级承载索施工挂环，并设置相应构件安装限位装置。

第九条　各焊接部位应焊牢、焊透，不允许有裂纹、气孔、夹渣、咬母材等任何影响焊接质量的缺陷存在，焊缝应饱满。

第十条　支架法兰孔应采用工装加工，确保法兰的互换性。

第十一条　支架立性焊接应在工装上进行，以保证立柱单节长度误差不超过2/1000，保证立性组立后的直线度误差不超过2/1000。

第十二条 在环境温度低于 –20℃时，主要承载构件应采用镇静钢。

二、钢丝绳标准

第十三条 索道应选择符合 GB 8918《重要用途钢丝绳》、YB/T 5295《密封钢丝绳》要求的钢丝绳，也可选择符合 GB/T 20118《一般用途钢丝绳》要求的钢丝绳。

第十四条 承载索、返空索规格应根据施工设计计算结果进行选择并满足技术安全要求，承载索、返空索的抗拉安全系数取 2.6～2.8。

第十五条 承载索、返空索宜选用线接触或面接触 6×36 同向捻钢丝绳，钢丝绳公称抗拉强度不宜小于 1670MPa。

第十六条 运载索和牵引索宜选用线接触或面接触同向捻钢丝绳，外层钢丝绳直径不宜小于 1.5mm，公称抗拉强度不宜小于 1670MPa。牵引索的抗拉安全系数应不小于 5。在腐蚀环境中工作的运载索和牵引索，宜采用镀锌钢丝绳。

第十七条 为施工方便，承载索选用的最大直径不宜超过 26mm，否则宜采取多索承载方式。

第十八条 牵引索的最小直径不宜小于 5mm。

三、牵引装置标准

第十九条 索道牵引装置磨筒直径应大于最大使用钢丝绳直径的 1.5 倍。

第二十条 索道牵引装置制造安装时应对动力部分加装减振装置，须在水箱、蓄电池离合器及皮带传动机构加装安全保护罩壳，须在筒轴轴承端盖上设置润滑脂加注装置。

第二十一条 索道牵引装置应采用双卷筒牵引机，卷筒的抗滑安全系数在正常运行、制动时不得小于 1.25。

第二十二条 索道牵引装置应设限速装置，索道运行速度超过额定运行速度 20%时应制动停车，索道停止运行。

第二十三条 挡位手柄准确，灵活可靠；传动离奇器于柄操作力也应小于 50N。

第二十四条 双牵引卷筒金属材料表面硬度应符合 HRC45～50。

第三节 验收运行的基本要求

一、资料检查

第二十五条 施工方案审批是否要求。

第二十六条 风险识别及控制措施是否到位。

第二十七条 培训及安全技术交底记录是否完备。

第二十八条 施工组织机构是否健全。

第二十九条 工具、设备出厂合格证明和检验报告是否齐全。

重要的受力工器具应进行拉力检测，包括地锚（承载索地锚、牵引索地锚、拉线地锚）、牵引索抱索器握着力等重点项目，应有“索道工器具单项试验记录表”。

二、工作索验收标准

第三十条 钢丝绳各线股之间及各股中的丝线应紧密结合，不得有松散、分股现象；钢丝绳件股及各股中丝线不得有断丝、交错、折弯、锈蚀和擦伤；绳股不得有松紧不一、塌入和凸起等缺陷，纤维芯不得干燥、腐烂。

第三十一条 承载索、返空索不得有接头。牵引索插接的环绳其插接长度应不小于钢丝绳直径的100倍。

第三十二条 钢丝绳套插接长度不小于钢丝绳直径的15倍，且不得小于300mm。

第三十三条 钢丝绳端部用绳卡固定连接时，绳卡压板应在钢丝绳主要受力的一边，不准正反交叉设置；绳卡之间间距不应小于钢丝绳直径的6倍。绳卡数量应符合表19－1规定。

表19－1　钢丝绳绳卡数量规定

钢丝绳直径（mm）	7～18	19～27	28～37
绳卡至少数量（个）	3	4	5

三、支架验收标准

第三十四条 2000kg、4000kg索道严禁使用木质支架。1000kg索道如选用木质支架时，必须附所有木材的材质、尺寸及受力计算书。

第三十五条 支架不得有明显变形、裂纹等外观缺陷。

第三十六条 支架支腿、横梁间必须连接稳固。

第三十七条 支架底座应采取可靠措施，防止下沉、滑移。

第三十八条 金属支架需设置临时接地，接地线规格应不小于16mm^2。

四、运行小车验收标准

第三十九条 运行小车应标明额定载荷，运输散料的运行小车应标明额定容积。

第四十条 运行小车焊接结构无裂纹、夹渣等缺陷。

第四十一条 运行小车裸露表面应进行防腐处理。

第四十二条 运行小车滑轮转动应灵活，无卡滞现象。

第四十三条 运行小车空车悬挂在承载索后须重心垂直向下，不得偏斜。

五、鞍座验收要求

第四十四条 托索轮板、导向轮转动应灵活，无卡滞现象。

第四十五条 托索轮板、导向轮应保证润滑。

六、牵引装置验收要求

第四十六条 索道牵引装置牵引索在磨芯上的缠绕圈数应不少于 5 圈，进出牵引索方向、角度应正确。

第四十七条 索道牵引装置运转应平稳、无漏油、漏水等异常现象，离合器、换挡手柄操作应灵活。

第四十八条 索道牵引装置传动部分应设置防护罩。

第四十九条 索道牵引装置启动和制动应安全有效，应能承受频繁的启动和制动。

第五十条 索道牵引装置进出牵引索方向、角度应正确。

第五十一条 索道牵引装置设置在索道线路侧面 10m 以外安全位置上，可靠锚固，良好接地。牵引设备操作区悬挂操作规程，操作人员应持证上岗。

七、地锚验收要求

第五十二条 地锚规格、埋深应与施工设计一致。

第五十三条 地锚使用卸扣、钢丝绳套、拉线棒规格应与施工一致。

第五十四条 马道与钢丝绳受力方向应保持一致。

第五十五条 应设置标牌注明：地锚规格、埋深、施工负责人。

第四节 索道运行基本要求

第五十六条 索道运输应设专人统一指挥，在索道启动和停止时应发出信号。应保证通信联络畅通，各类信号传递应语言统一、规范、清晰。在索道集中区域，应采取措施保证各级索道通信互不干扰。通信信号中段或不清楚时应立即停止作业。

第五十七条 工作人员应根据现场情况合理设置，索道全线不应存在监控盲点。

第五十八条 在现场显著位置梳理标牌，应包含：① 索道基本参数、额定负载量、牵引机型号、承载索直径、架设日期。② 设置“索道下方不得站人”警示牌。③ 小车应标定额定起重量，限制速度。④ 交通通道、限高、禁行等标志符合相关的规范。

第五十九条 索道跨越简易道路、低压电力线、通信线时，应设立明显的警示标志，采取必要防护措施，设专人监护。

第六十条 现场应做好油料、设备的等的防火措施，并配备足够的灭火器材。

第六十一条 每日开工前，应对索道牵引系统、承载系统、锚固系统等进行检查，确认运行小车与牵引索连接可靠，开机空载运行 5min～8min 无异常后方可进行正常的运输作业。

第六十二条 物料载运应选取适用的方式：① 砂、石等散料宜采用翻转式料斗或底卸式料斗载运。当运输黏结性物料时，宜选用底卸式料斗。载运散料的料斗不宜装满，料斗的有效容积利用系数规定：当运输松散物料时应小于 1.0；当运输黏结性物料时应小于 0.9。② 水泥、螺栓等袋装物料宜采用多挂点运输筐运输。③ 金具、零星材料宜打包运输。④ 玻璃及瓷质绝缘子等带包装的物料应带包装运输。⑤ 塔材、抱杆等细长物料运输应采用双吊点方式运输并采取相应的防止物料缠绕牵引索措施；合成绝缘子应按照厂家要求并采取相应的补强措施进行运输。

第六十三条　多跨索道运载多个物件时，运行小车的数量、间距应根据索道运量、料斗容积、物料特性、装载速度和牵引能力经过计算后确定，间距应均匀布置，索道运载总重量不得超过额定荷载。货物单件重量达到索道额定载荷时，宜待该物件运抵卸货后，再进行下一个货物的运载。

第六十四条　货物装卸点宜设置安全可靠辅助装卸设备。

第五节　索道跨越、钻越、架设的要求

一、索道跨越或穿（钻）越有关设施、区域的最小垂直净空尺寸要求

跨越和穿越设施最小净空尺寸要求见表 19－2。

表 19－2　跨越和穿越设施最小净空尺寸

跨越或穿越类别	跨越和或穿越说明	净空尺寸（m）
铁路	保护设施底部距轨道	应符合国家有关标准规范的要求
公路	索道或保护设施底部距路面	
架空电力线路	索道穿越时电线距索道顶部	
	索道跨越时保护设施底部距电力线	
航道	索道或保护网底部距桅杆顶	
建、构筑物	索道或保护设施底部距屋顶	2
禁伐林木	索道底部距林木最高点	2
非机耕地	索道底部距耕地表面	3
滑雪道	索道底部距雪地表面	3.5
机耕地	索道底部距耕地表面	5
街道、广场	索道或保护设施底部距地面	5
人烟稀少区	索道底部距地面或雪面	3
无人通行区	索道底部距地面或雪面	2

注　1. 索道底部是指货车或空牵引索在跨间的最低静态位置再加上动态附加值（承载索挠度的 5%或货运索道挠度的 25%），以最低位置为准；

2. 索道顶部是指线路上没有货车，承载索或运载索最大张力增大 10%时在跨间的最高静态位置；

3. 索道跨越航道时的净空尺寸，应以 50 年一遇的最高洪水位为准。

二、索道架设要求

第六十五条 选择索道线路时，应综合考虑当地气候、地理条件和索道要经过的交通要道以及要跨越的其他建筑设施等，针对施工运输量及地形条件制定相应的施工方案，根据施工方案选择合适的索道运输方案。

第六十六条 索道尽量避免和已有或新建的道路、通信线、公路交叉。如果跨越公路、有人通过的沟道时，必须设立明显的警示牌，必要时在公路、沟道上方搭设防护架防止货物坠落伤人。

第六十七条 索道应尽量走直线，如有转角，角度应尽可能小。转角角度不得超过6°。单级索道长度不得超过3000m。除跨越山谷等特殊情况外，单跨索道最大跨距不得超过1000m；多跨索道相邻支架间最大跨距不得超过600m，高差角不得超过30°。

第六十八条 索道要尽量连续、减少周转，支架要力求设立于山包等突出位置。支架的位置和高度必须保证在任何工作条件下，货物与地面间有足够的距离。

第六十九条 承载索在每个支架上的最大折角，一般控制在10°以内，大跨距两端支架的最大折角不得超过30°。

第七十条 支架间的档距，除了跨越山谷等特殊情形外，不宜过大，最大档距一般为300m～600m。

第七十一条 在斜坡上架设时，索道线路应选在杆塔基面高的一侧。索道到铁塔基坑的水平距离以4m～6m为宜。

第二篇

典型违章示例

第二十章　通　用　部　分

第一节　施工现场临时用电

一、典型违章及违反条款

（一）施工用电未编入施工组织设计或无专项方案

（1）违反了《施工现场临时用电安全技术规范》（JGJ 46—2005）3.1.1 条：施工现场临时用电设备在 5 台及以上或设备总容量在 50kW 及以上者，应编制用电组织设计。

（2）违反了《电力建设安全工作规程　第 3 部分：变电站》（DL 5009.3—2013）3.2.28 条：施工用电的布设应编入施工组织设计或专项方案，并符合当地供电单位的有关要求。

（二）无电工证上岗作业，施工用电未定期进行检查

违反了《电力建设安全工作规程　第 3 部分：变电站》（DL 5009.3—2013）3.2.28 条：施工用电设施安装、运行、维护应由专业电工负责，并应建立安装、运行、维护、拆除作业记录台账。

（三）生活区施工用电私拉乱接，使用不规范（见图 20–1）。配电箱前未配置灭火器材（见图 20–2）

违反了《国家电网有限公司输变电工程安全文明施工标准化管理办法》第十四条：现场生活、办公、施工临时用电系统应实施有效的安全用电和防火措施。

图 20–1　生活区使用插线板和花线

图 20－2　配电箱前无灭火器材

（四）现场照明电源线直接绑挂在金属构件上（见图 20－3），未穿管或采取绝缘保护措施

违反了《国家电网公司电力安全工作规程（电网建设部分）（试行）》3.5.4.21 条：照明线路敷设应采用绝缘槽板、穿管或固定在绝缘子上，不得接近热源或直接绑挂在金属构件上；穿墙时应套绝缘套管，管、槽内的电源线不得有接头，并经常检查、维修。

图 20－3　现场照明电源线直接绑挂在金属构件上

（五）配电箱未可靠接地，且未上锁（见图 20－4）

（1）违反了《施工现场临时用电安全技术规范》（JGJ 46—2005）8.3.2 条：配电箱、

图 20－4　配电箱未上锁，未可靠接地，缺系统接线图

开关箱箱门应配锁，并应由专人负责。

（2）违反了《电力建设安全工作规程　第 3 部分：变电站》（DL 5009.3—2013）3.2.30 条：配电箱应坚固，金属外壳接地或接零良好。

（六）配电箱缺系统接线图（见图 20－4）

（1）违反了《施工现场临时用电安全技术规范》（JGJ 46—2005）8.3.1 条：配电箱、开关箱应有名称、用途、分路标记及系统接线图。

（2）违反了《施工现场临时用电安全技术规范》（JGJ 46—2005）8.1.16 条：配电箱、开关箱的进出线口应配置固定线卡，进出线应加绝缘护套并成束卡固在箱体上，不得与箱体直接接触。移动式配电箱、开关箱的进出线应采用橡皮护套绝缘电缆，不得有接头。

（3）违反了《电力建设安全工作规程　第 3 部分：变电站》（DL 5009.3—2013）3.2.30 条和《国家电网公司电力安全工作规程（电网建设部分）（试行）》3.5.4.5 条：配电箱应坚固，金属外壳接地或接零良好；其结构应具备防火、防雨的功能，箱内的配线应采取相色配线且绝缘良好；导线进出配电柜或配电箱的线段应采取固定措施；导线端头制作规范，连接应牢固。操作部位不得有带电体裸露。

（七）开关箱体与箱门未连接跨接线，缺漏电保护器（见图 20－5）

（1）违反了《电力建设安全工作规程　第 3 部分：变电站》（DL 5009.3—2013）3.2.30 条和《国家电网公司电力安全工作规程（电网建设部分）（试行）》3.5.4.5 条：配电箱应坚固，金属外壳接地或接零良好。

（2）违反了《施工现场临时用电安全技术规范》（JGJ 46—2005）8.2.5 条：开关箱必须装设隔离开关、断路器或熔断器以及漏电保护器。

（3）违反了《国家电网公司电力安全工作规程（电网建设部分）（试行）》3.5.1.5 条：施工用电工程的 380V/220V 低压系统应采用三级配电、二级剩余电流动作保护系统（漏电保护系统），末端应装剩余电流动作保护装置（漏电保护器）；专用变压器中性点直接接地的低压系统宜采用 TN－S 接零保护系统。

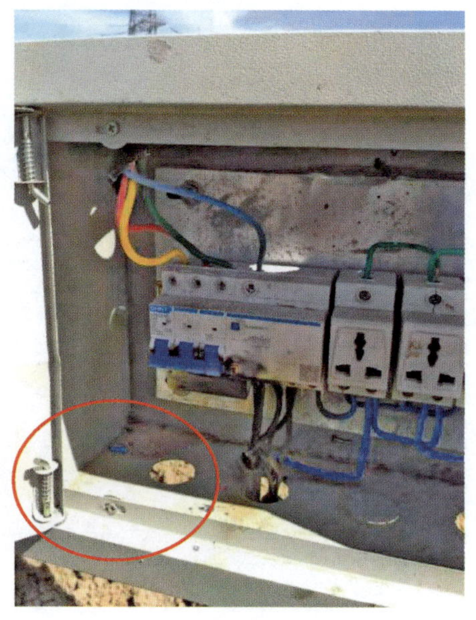

图 20－5　配电箱体与箱门未连接跨接线

（八）施工用电电缆破损，过道路无防护措施（见图 20－6）

（1）违反了《施工现场临时用电安全技术规范》（JGJ 46—2005）7.2.3 条：电缆线路应采取埋地或架空敷设，严禁沿地面明设，并应避免机械损伤和介质腐蚀。埋地电缆路径应设方位标志。

（2）违反了《电力建设安全工作规程　第 3 部分：变电站》（DL 5009.3—2013）3.2.30 条：电缆接头处应有防水和防触电的措施，用电线路和电气设备的绝缘应良好。通过道路时应采用保护套管。

图 20－6　施工用电电缆破损，过道路无防护措施

（3）违反了《国家电网公司电力安全工作规程（电网建设部分）（试行）》3.5.4.9 条：现场直埋电缆的走向应按施工总平面布置图的规定，沿主道路或固定建筑物等的边缘直线埋设，埋深不得小于 0.7m，并应在电缆紧邻四周均匀敷设不小于 50mm 厚的细砂，然后覆盖砖或混凝土板等硬质保护层；转弯处和大于等于 50m 直线段处，在地面上设明显的标志；通过道路时应采用保护套管。

（九）配电箱内无分路标记（见图 20－7）

违反《建设工程施工现场供用电安全规范》（GB 50194—2014）第 6.3.18 条：配电箱应有名称、编号、系统图及分路标记。

图 20－7　配电箱内无分路标记

（十）配电箱外壳未通过汇流排接地（见图 20－8）

违反《建设工程施工现场供用电安全规范》（GB 50194—2014）第 6.3.12 条：配电箱的金属箱体、金属电器安装板以及电器正常不带电的金属底座、外壳等应通过保护导体（PE）汇流排可靠接地。

二、施工现场临时用电主要安全控制措施

图 20-8 配电箱外壳未通过汇流排接地

（1）施工用电应编入施工组织设计或编制专项方案。

（2）施工用电设施安装完毕后，临时用电设施由专职电工负责日常管理工作，严禁非电气专业人员拆、装施工用电设施。专职电工应定期填写施工用电检查记录表。

（3）各型号配电箱上应标明专职电工的操作证复印件、照片及联系方式。

（4）用电线路及电气设备的绝缘必须良好，布线整齐，设备裸露的带电部分应加防护措施。电源箱出线应注意加装防磨线措施。

（5）配电箱设置地点应平整，不得被水淹或被土埋，并应防止碰撞和被物体打击。配电箱附近不得堆放杂物。相对固定的配电箱设置 500mm 高底座。使用过程中配电箱内应标明各用电回路名称及内部接线图。配电箱应配置灭火器材，箱体应设有门、锁及防雨措施。

（6）配电系统应设置总配电箱（配电柜）、分配电箱、开关箱，实行三级配电。配电箱、开关箱应根据用电负荷状态装设剩余电流动作保护器，并定期检查和试验。施工现场应按照三级配电进行布设。用电设备的电源引线长度不得大于 5m；距离大于 5m 时，应设移动开关箱，移动开关箱至固定式配电箱之间的引线长度不得大于 40m，且只能用绝缘护套软电缆。

（7）配电箱的电器安装板上必须设 N 线端子和 PE 线端子板。N 线端子板必须与金属电器安装板绝缘；PE 线端子板必须与箱体做电气连接。

（8）连接电动机械或电动工具的电气回路应设开关或插座，并设有保护装置。移动式电动机械应使用软橡胶电缆，严禁一个开关接两台及以上电动设备。

（9）电气设备的金属外壳应采取接地保护，外壳接地应规范可靠。地线及零线的连接应采用焊接、压接或螺栓连接等方法，严禁缠绕或勾挂。

（10）照明线路敷设应采用绝缘槽板、穿管或固定在绝缘子上。穿墙时应套绝缘套管，管、槽内的电线不得有接头。

（11）电缆线路应采用埋地或架空敷设，严禁沿地面明设，并应避免机械损伤和介质腐蚀。埋地电缆路径应设方位标志。电缆直接埋地敷设的深度不应小于 0.7m，应在电缆紧邻上、下、左、右侧均匀敷设厚度不小于 50mm 的细砂，然后覆盖砖或混凝土板等硬质保护层。电缆线路严禁穿越脚手架引入。

（12）低压架空线路不得采用裸线，导线截面积不得小于 16mm^2，架设高度不得低于 2.5m；交通要道及车辆通行处，架设高度不得低于 5m。

第二节 高 处 作 业

一、典型违章及违反条款

（一）高处作业未设安全监护人（见图 20-9）

（1）违反了《电力建设安全工作规程 第 2 部分：电力线路》（DL 5009.2—2013）3.3.1 条：遵照现行国家标准《高处作业分级》（GB 3608）的规定，凡在距坠落高度基准面 2m 及以上有可能坠落的高度进行的作业均称为高处作业。高处作业应设安全监护人。

（2）违反了《电力建设安全工作规程 第 3 部分：变电站》（DL 5009.3—2013）3.3.1.7 条：高处作业应系好安全带，安全带的安全绳应挂在上方的牢固可靠处。高处作业人员应衣着灵便，衣袖、裤脚应扎紧，穿软底鞋。在作业过程中，高处作业人员应随时检查安全带是否拴牢，在转移作业位置时不得失去保护。高处作业应设安全监护人。3.3.1.15 条：在屋顶及其他危险的边沿进行工作，临空面应装设安全网或防护栏杆，施工作业人员应使用安全带。

（二）高处作业临空一面未装设安全网或防护栏杆（见图 20-10）

违反了《电力建设安全工作规程 第 3 部分：变电站》（DL 5009.3—2013）3.3.1.15 条：在屋顶及其他危险的边沿进行工作，临空一面应装设安全网或防护栏杆，施工作业人员应使用安全带。

图 20-9 高处作业未设安全监护人

图 20-10 高处作业临空一面应装设安全网或防护栏杆

（三）高处作业特种操作证过期（见图 20-11）

违反了《国家电网公司电力安全工作规程（电网建设部分）（试行）》2.2.4 条：特

种作业人员、特种设备作业人员应按照国家有关规定，取得相应资格，并按期复审，定期体检。

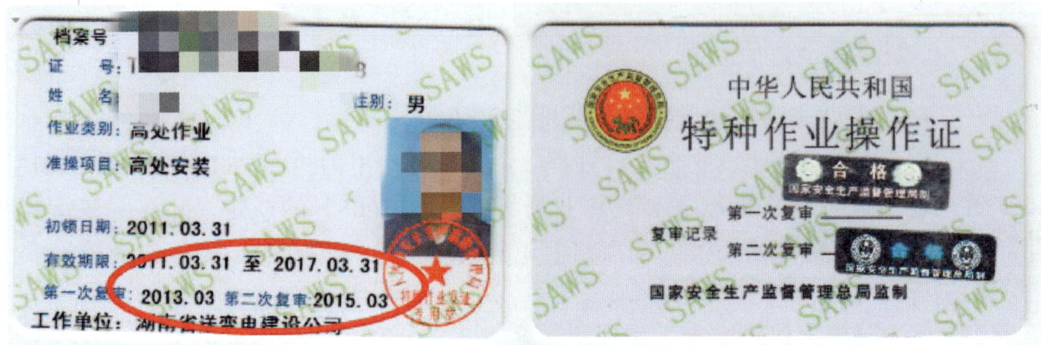

图 20－11　高处作业特种操作证过期

（四）高处作业人员应正确使用安全带（见图 20－12）

（1）违反《电力建设安全工作规程　第 2 部分：电力线路》（DL 5009.2—2013）3.3.1 条第 5 款：高处作业时，作业人员必须正确使用安全带。

（2）违反了《国家电网公司电力安全工作规程（电网建设部分）（试行）》4.1.5 条：高处作业人员应正确使用安全带，宜使用全方位防冲击安全带。杆塔组立、脚手架施工等高处作业时，应采用速差自控器等后备保护设施。安全带及后备防护设施应高挂低用。高处作业过程中，应随时检查安全带绑扎的牢靠情况。

（五）高处作业人员移动过程中不得失去保护（见图 20－13）

违反了《国家电网公司电力安全工作规程（电网建设部分）（试行）》4.1.16 条：高处作业人员上下杆塔等设施应沿脚钉或爬梯攀登，在攀登或转移作业位置时不得失去保护。

图 20－12　高处作业人员应正确使用安全带

图 20－13　上下杆塔应正确使用绳索式攀登自锁器

二、高处作业安全控制措施

（1）单人在高处作业，必须设专职安全监护人；

（2）高处作业时，要穿软底防滑鞋，正确配备安全帽、安全带或全方位防冲击型安全带、二道保护绳、速差防坠器，将个人防护用品穿戴整齐；

（3）安全带悬挂点可靠、牢固，安全带高挂低用；

（4）严禁在屋顶及其他危险的边沿进行作业，严禁高处作业人员沿着绳索、立杆或栏杆攀登，骑坐在栏杆上作业；

（5）在攀登或转移作业位置时不得失去保护；

（6）特种作业人员、特种设备作业人员应按照国家有关规定，取得相应资格，并按期复审，定期体检。

第三节 施 工 运 输

一、公路

（一）典型违章及违反条款

1. 使用自卸车载人（见图20－14）

违反《电力建设安全工作规程 第2部分：电力线路》（DL 5009.2—2013）4.1.7条第2款：严禁自卸车、挂车、拖拉机等工程车或农用车载人。

图20－14 使用自卸车载人

2. 用超长架装载超长物件时，在其尾部未挂警告标志（见图20－15）

违反《电力建设安全工作规程 第2部分：电力线路》（DL 5009.2—2013）4.1.5条第3款：用超长架装载超长物件时，在其尾部应设警告标志。

3. 氧气瓶、乙炔气瓶同车运输，乙炔瓶未立放（见图20－16）

违反《电力建设安全工作规程 第2部分：电力线路》（DL 5009.2—2013）4.1.6条第3款：氧气瓶、乙炔气瓶汽车装运时，氧气瓶应横向卧放，头部朝向一侧，并应垫牢，装载高度不得超过车厢高度；乙炔气瓶应直立排放，车厢高度不得低于瓶高的2/3；氧气瓶与乙炔气瓶不得同车运输。

4. 装载车铲斗内载人，在施工现场速度过快，超过15km/h（见图20－17）

违反《电力建设安全工作规程 第3部分：变电站》（DL 5009.3—2013）3.4.6条第3款：现场专用机动车辆的使用应遵守下列规定：

图 20－15 装载超长物件时，尾部未挂警告标志

图 20－16 氧气瓶、乙炔气瓶同车运输，乙炔瓶未立放

图 20－17 装载车铲斗内载人

（1）应有专人驾驶及保养，驾驶人员应经考试合格并取得驾驶许可证。

（2）使用前应检查制动器、喇叭、方向机构等是否完好。

（3）装运物件应垫稳、捆牢，不得超载。

（4）行驶时，驾驶室外及车厢外不得载人。启动前应先鸣笛，时速不得超过 15km。停车后应切断动力源，扳下制动闸后驾驶员方可离开。

5. 运输线盘时未设置防滚动措施（见图 20－18）

违反《电力建设安全工作规程 第 3 部分：变电站》（DL 5009.3—2013）5.3.1 条第 2 款：运输电缆盘时，盘上的电缆头应固定牢固，应有防止电缆盘在车、船上滚动的措施。

（二）公路运输安全控制措施

（1）机动车辆运输应按《中华人民共和国道路交通安全法》的有关规定执行。车上应配备灭火器。

（2）各类运输机械、操作人员等已经报审并批准，满足现场安全技术要求。行车前，驾驶员对车辆的转向、制动、照明装置等进行检查。

图 20－18　运输车上电缆盘未固定或固定不牢固

（3）运输前应对道路进行检查，确定运输路线和方式，必要时对沿途的坡路、弯路、便桥、涵洞等应进行加固或拓宽。

（4）路面水深超过汽车排气管时，不得强行通过；在泥泞的坡路或冰雪路面上应缓行，车轮应装防滑链；冬季车辆过冰河时，应根据当地气候情况和河水冰冻程度决定是否行车，不得盲目过河；车辆通过渡口时，应遵守轮渡安全规定，听从渡口工作人员的指挥。

（5）严禁在路况、气象不佳情况下强行乘坐交通工具。

（6）控制车速，保持车距，弯道减速慢行，禁止弯道超车。

（7）严禁人员与设备、材料混装，严禁乘坐非载人车辆。

二、水路

（一）典型违章及违反条款

1. 运输船舶未进行报审，船舶相关证明文件不全

违反《电力建设安全工作规程　第2部分：电力线路》（DL 5009.2—2013）4.3.2 条：承担运输任务的船舶应具备船舶检验合格证、登记证书和必要的航行资料，不得租用无船号、船舶证书、船籍港的船舶。

2. 水路运输时商混车在运输船舶上就位后未采取车轮限位和固定措施（见图 20－19）

图 20－19　商混车在运输船舶上就位后未采取车轮限位和固定措施

违反《电力建设安全工作规程　第2部分：电力线路》（DL 5009.2—2013）4.3.4 条：大型施工机械及重大物件应采

取装卸安全措施。

3. 船舶装载准备的作业人员作业过程中未穿救生衣（见图 20-20）

违反《电力建设安全工作规程 第 2 部分：电力线路》（DL 5009.2—2013）4.3.6 条第 2 款：应配备救生设备。

4. 船舶运输过程中船舱内的油桶未采取防倒措施（见图 20-21）

违反《电力建设安全工作规程 第 2 部分：电力线路》（DL 5009.2—2013）4.3.4 条：入舱的物件应放置平稳，易滚、易滑和易倒的物件应绑扎牢固。

图 20-20 船舶装载准备的作业人员作业过程中未穿救生衣

图 20-21 船油桶未采取防倒措施

5. 浓雾天气组织船舶运输作业

违反《电力建设安全工作规程 第 2 部分：电力线路》（DL 5009.2—2013）3.1.15 条：遇有雷雨、暴雨、浓雾、沙尘暴、六级及以上大风时，不得进行高处作业、水上运输、索道运输、电缆施工、露天吊装、杆塔组立和放紧线等作业。

6. 船舶接送作业人员时搭乘的作业人数超额定载员数量

违反《电力建设安全工作规程 第 2 部分：电力线路》（DL 5009.2—2013）4.3.6 条第一款：不得超员。

（二）水路运输安全控制措施

（1）水上运输应遵守水运管理部门或海事管理机构的有关规定。

（2）承担运输任务的船舶应安全可靠，船舶上应配备救生设备，并签订安全协议。

（3）运输前，应根据水运路线、船舶状况、装卸条件等制定合理的运输方案，装卸笨重物件或大型施工机械应制定专项装卸运输方案，禁止船舶超载。

（4）入舱的物件应均衡布置、放置平稳，易滚、易滑和易倒的物件应绑扎牢固。

（5）船舶接送作业人员时，禁止超载超员；船上应配备合格齐备的救生设备；乘船人员应正确穿戴救生衣，掌握必要的安全常识，会熟练使用救生设备；船上禁止搭载和存放易燃易爆物品。

（6）遇有洪水或者大风、大雾、大雪等恶劣天气，应停止水上运输。

三、索道

（一）典型违章及违反条款

1. 牵引索在卷筒上缠绕 3 圈（见图 20－22）

（1）违反《电力建设安全工作规程　第 2 部分：电力线路》（DL 5009.2—2013）4.5.10 条第 8 款：牵引设备卷筒上的钢索至少缠绕 5 圈。

（2）违反了《架空输电线路施工专用货运索道施工工艺导则》（Q/GDW 1418—2014）第 7.3.5 条：用机械牵引钢绳时，钢丝绳应用制动器或其他带有张力控制的装置进行张力展放，严禁用人力制直接放出，防止绳盘失控伤人。经过制动器松绳时，钢丝绳在制动器上缠绕大于等于 5 圈，尾绳必须由专人控制，且不能少于 2 人。

2. 中型及以上索道支架采用木支架（见图 20－23）

（1）违反《电力建设安全工作规程　第 2 部分：电力线路》（DL 5009.2—2013）4.5.6 条：索道支架宜采用四支腿外拉线结构，拉线对地夹角不应超过 45°，支架的安全系数不应小于 2.0。

（2）违反《特高压交流输电线路货运索道施工管理规定》（交流输电（2014）21 号）第二十三条：中型、重型索道严禁使用木质支架。

（3）违反《输电线路施工机具现场监督检验规范》（Q/GDW 11591—2016）第 7.8 条：2000kg 级及以上索道不应采用木支架。

图 20－22　牵引索在卷筒上缠绕 3 圈

图 20－23　中型及以上索道支架采用木支架

3. 索道运行下方公路处未设警示标志和防护架（见图 20－24）

（1）违反《特高压交流输电线路货运索道施工管理规定》（交流输电（2014）21 号）第三十四条：索道跨越简易道路时，在道路两侧设立明显的警示标识，必要时在道路上

图 20－24 索道运行下方公路处未设警示标志和防护架

方搭设防护架以防止货物坠落伤人。

（2）违反《架空输电线路施工专用货运索道施工工艺导则》（Q/GDW 1418—2014）4.11 条：索道严禁跨越高压电力线路、铁路、航道、生活区、厂区。不宜跨越公路，若确需跨越需加防护措施。

4. 索道未经试运行验收投入使用

违反《电力建设安全工作规程 第 2 部分：电力线路》（DL 5009.2—2013）4.5.10 条第 1 款：首次使用或长期停运后的索道使用前应进行试运转。检查承载索的锚固、拉线是否正常，各索具是否损坏，索道支架有无变形、开裂等。

5. 采用后桥式索道牵引机，牵引机转动部位缺防护罩（见图 20－25）

（1）违反《架空输电线路施工专用货运索道》（Q/GDW 11189—2014）5.2.5、5.3.5、5.4.5 条：索道牵引机宜选择双滚筒式设备。

（2）违反《特高压交流输电线路货运索道施工管理规定》（交流输电〔2014〕21 号）第二十六条：中型、重型索道的索引机禁止使用后桥式索引设备。

图 20－25 采用后桥式索道牵引机，牵引机转动部位缺防护罩

6. 索道吊装桶超载使用（见图 20－26）

违反《电力建设安全工作规程 第 2 部分：电力线路》（DL 5009.2—2013）4.5.10 条第 6 款：货运索道不得超负荷使用。

7. 索道支架拉线松弛未受力（见图 20－27）

违反《电力建设安全工作规程 第 2 部分：电力线路》（DL 5009.2—2013）4.5.10 条第 1 款：首次使用或长期停运后的索道使用前应进行试运转。检查承载索的锚固、拉线是否正常，各索具是否损坏，索道支架有无变形、开裂等。

图 20－26　索道吊装桶超载使用

图 20－27　索道支架拉线松弛未受力

8. 索道承重小车吊钩钩口闭锁装置脱落（见图 20－28）

违反《电力建设安全工作规程　第 2 部分：电力线路》（DL 5009.2—2013）3.4.23 条第 5 款：应有防止脱钩的钩口闭锁装置。

9. 牵道牵引机未安装接地装置（见图 20－29）

违反《电力建设安全工作规程　第 2 部分：电力线路》（DL 5009.2—2013）4.5.4 条：电气设备、索道和支撑架应可靠接地。

图 20－28　索道承重小车吊钩钩口闭锁装置脱落

图 20－29　牵引机未安装接地装置

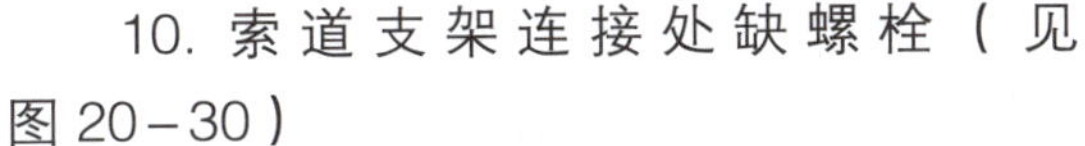

10. 索道支架连接处缺螺栓（见图 20－30）

（1）违反《电力建设安全工作规程　第 2 部分：电力线路》（DL 5009.2—2013）4.5.2 条：索道运输设备及各部件应满足负荷要求。

（2）违反《架空输电线路施工专用货运索道施工工艺导则》（Q/GDW 1418—2014）7.2.8 条：安装过程中应确保各部件连接牢固、可靠。

图 20－30　索道支架连接处缺螺栓

11. 施工人员违章乘坐索道（见图 20－31）

违反《电力建设安全工作规程　第 2 部分：电力线路》（DL 5009.2—2013）4.5.10 条第 7 款：货运索道严禁载人。

12. 索道牵引装置中第二个卷筒不具有制动功能（见图 20－32）

违反《架空输电线路施工专用货运索道施工工艺导则》（Q/GDW 1418—2014）4.8 条：2000kg 及以上索道的牵引机不应使用后桥式牵引设备，应使用双卷筒的牵引装置、机械式牵引，装置应具有正反向各自独立制动装置。

图 20－31　货运索道载人

图 20－32　索道牵引装置中第二个卷筒不具有制动功能

13. 索道牵引机卷筒出口与转向滑轮距离过小（见图 20－33）

违反《电力建设安全工作规程　第 2 部分：电力线路》（DL 5009.2—2013）3.4.14 条第 4 款：绞磨卷筒与牵引绳最近的转向滑车应保持 5m 以上的距离。

图 20－33　索道牵引机卷筒出口与转向滑轮距离过小

14. 索道料场设置在索道循环绳内侧，且支架处未设挡止装置（见图 20－34）

违反《架空输电线路施工专用货运索道施工工艺导则》（Q/GDW 1418—2014）11.3 条：索道运行过程中危险区域应设置明显醒目的警告标志，并设专人监管，危险区域内禁止有人逗留。第 11.4 条：索道料场支架处应设置限位防止误操作，低处料场及坡度较大的支架处宜设置挡止装置以防止货车失控。

图 20－34 索道料场设置在索道循环绳内侧

（二）货运索道运输安全控制措施

（1）应根据地形条件、物件形状及运输量等编制货运索道运输方案，并经审批后方可实施。

（2）货运索道的设计、安装、检验、运行、拆卸应严格遵守《架空输电线路施工专用货运索道施工工艺导则》（Q/GDW 1418—2014）、《架空输电线路施工专用货运索道》（Q/GDW 11189—2018）、《货运架空索道安全规范》（GB 12141—2008）、《架空索道工程技术规范》（GB 50127—2007）及有关安全技术规定。

（3）货运索道设备出厂时应按有关标准进行严格检验，并出具合格证书。

（4）货运索道架设完成后，需经使用单位和监理单位安全检查验收合格后才能投入试运行。索道试运行合格后，方可运行。定期检查承载索的锚固、拉线、各种索具、索道支架，并做好相关检查记录。

（5）货运索道架设后应在各支架及牵引设备处安装临时接地装置。

（6）牵引设备卷筒上的钢索至少应缠绕 5 圈。牵引设备的制动装置应经常检查，保持有效的制动力。

（7）货运索道运行过程中不得有人员在承重索下方停留。待驱动装置停机后，装卸人员方可进入装卸区域作业。

（8）货运索道禁止超载使用，禁止载人。

（9）遇有雷雨、五级及以上大风等恶劣天气时不得作业。

第四节　易燃易爆危险品管理

一、典型违章及违反条款

（一）易燃易爆品未存放于危险品仓库内（见图 20–35）

违反《电力建设安全工作规程　第 3 部分：变电站》（DL 5009.3—2013）3.2.25 条：易燃易爆及有毒物品等应分别存放在与普通仓库隔离的危险品仓库内，危险品仓库的库门应向外开，并按有关规定严格管理。汽油、酒精、油漆及稀释剂等挥发性易燃材料应密封存放，并配适宜的消防器材。

图 20–35　易燃、易爆品未存放于危险品仓库内

（二）在办公室、工具房、休息室、宿舍等房屋内存放涂料等易燃易爆物品（见图 20–36）

违反了《电力建设安全工作规程　第 3 部分：变电站》（DL 5009.3—2013）3.2.33 第 5 款：严禁在办公室、工具房、休息室、宿舍等房屋内存放易燃易爆物品。

图 20–36　涂料等易燃易爆品未存放于危险品仓库内

（三）油漆挥发性易燃材料装在敞口容器内、存放于普通仓库内（见图 20-37）

违反《电力建设安全工作规程　第 3 部分：变电站》（DL 5009.3—2013）3.2.33 条第 6 款：挥发性易燃材料不得装在敞口容器内或存放在普通仓库内。装过挥发性油剂及其他易燃物质的容器应及时退库，并存放在距建筑物不小于 25m 的单独隔离场所；装过挥发性油剂及其他易燃物质的容器未与运行设备彻底隔离及采取清洗置换等措施时，不得用电焊或火焊进行焊接或切割。

（四）易燃材料堆放场所与临时建筑物距离过小（见图 20-38）

违反《电力建设安全工作规程　第 3 部分：变电站》（DL 5009.3—2013）3.2.34 条第 5 款：各类建筑物与易燃材料堆场的防火间距应符合表 3.2.34 的规定。

图 20-37　油漆挥发性易燃材料装存放于普通仓库内

图 20-38　易燃材料堆放场所与临时建筑物距离过小

表 3.2.34　各类建筑物与易燃材料堆场的防火间距　（单位：m）

序号	建筑名称	序号 1	2	3	4	5	6	7	8	9
1	正在施工中的永久性建筑物	—	20	15	20	25	20	30	25	10
2	办公室及生活性临时建筑	20	5	6	20	15	15	30	20	6
3	材料仓库及露天堆场	15	6	6	15	15	10	20	15	6
4	易燃材料（氧气、乙炔、汽油等）仓库	20	20	15	20	25	20	30	25	20
5	木材（圆木、成材、废料）堆场	25	15	15	25	垛间 2	25	30	25	15
6	锅炉房、厨房及其他固定性用火	20	15	10	20	25	15	30	25	6
7	易燃物（稻草、芦席等）堆场	30	30	20	30	30	30	垛间 2	25	6
8	主建筑物	25	20	15	25	25	25	25	25	15
9	一般性临时建筑	10	6	6	20	15	6	6	15	6

（五）气瓶露天存放，无防晒措施（见图 20－39）

违反《电力建设安全工作规程　第 3 部分：变电站》（DL 5009.3—2013）3.6.3 条第 1 款：气瓶在现场临时存放应遵守下列规定：1）应存放在通风良好的场所，夏季应防止日光曝晒。

图 20－39　气瓶露天存放、无防晒措施

（六）氧气瓶、乙炔气瓶卧式存放，无防护圈及保护帽（见图 20－40）

违反《电力建设安全工作规程　第 3 部分：变电站》（DL 5009.3—2013）3.6.3 条第 1 款：气瓶在现场临时存放应遵守以下规定：4）乙炔气瓶、液化石油气瓶应保持直立，并应有防止倾倒的措施。氧气瓶和乙炔气瓶、液化石油气瓶间的距离不得小于 5m。

图 20－40　乙炔气瓶卧式存放，氧气瓶与乙炔气瓶间安全距离不足

二、易燃易爆品管理主要安全控制措施

（1）在施工方案中明确易燃易爆品的存放条件、位置，单独设置与普通仓库隔离的危险品仓库，易燃材料、废料的堆放场所与建筑物及动火作业区的距离应符合电力建设安规要求。

（2）在易燃易爆品存放与使用场所配消防器材、悬挂相应安全标志。

（3）气瓶存放严格执行《电力建设安全工作规程　第 3 部分：变电站》（DL 5009.3—2013）相关规定要求：

1）应存放在通风良好的场所，夏季应防止日光曝晒；不得与易燃物、易爆物混放。

2）不得靠近热源和电气设备，气瓶与明火的距离不得小于 10m（高处作业时，此距离为地面的垂直投影距离）。

3）乙炔气瓶、液化石油气瓶应保持直立，并应有防止倾倒的措施。氧气瓶和乙炔气瓶、液化石油气瓶间的距离不得小于 5m。

4）乙炔气瓶不得放置在有放射性射线的场所，也不得放在橡胶等绝缘体上。

5）乙炔气瓶、液化石油气瓶使用过程中，开闭瓶阀的专用扳手应始终装在阀上。暂时中断使用时，应关闭焊、割工具的阀门和乙炔气瓶、液化石油气瓶瓶阀，不应手持点燃的焊、割工具调节减压器或开、闭乙炔气瓶、液化石油气瓶瓶阀。

6）乙炔气瓶、液化石油气瓶存放、使用过程中，不得倒置。发现泄漏应及时处理，不应在泄漏的情况下使用。

（4）在作业必备条件及班前会检查时，应对易燃易爆品存放的安全防护措施、设施进行检查。

第五节　动　火　作　业

一、典型违章及违反条款

（一）在防火重点部位或易燃、易爆区周围动用明火或进行可能产生火花的作业前，未按规定办理动火工作票

违反《电力建设安全工作规程　第 3 部分：变电站》（DL 5009.3—2013）3.2.33 条第 2 款：在防火重点部位或易燃、易爆区周围动用明火或进行可能产生火花的作业时，应办理动火工作票，经有关部门批准后，采取相应措施并增设相应类型及数量的消防器材后方可进行。

（二）动火现场未配备足够消防器材（见图 20－41）

图 20－41　动火现场未配备消防器材

违反《电力建设安全工作规程　第 3 部分：变电站》（DL 5009.3—2013）3.2.33 条

第 1 款：在施工现场、仓库及重要机械设备、配电箱旁，应配置相应的消防器材。在需要动火的施工作业前，应增设相应类型及数量的消防器材。

（三）室内设备安装作业时，动火作业无专人监护、未配备消防器材（见图 20－42），未办理动火作业票

违反《电力建设安全工作规程 第 3 部分：变电站》（DL 5009.3—2013）6.4.4 条第 5 款：在室内动用电焊、气焊等明火时，除按规定办理动火工作票外，还应制定完善的防火措施，设置专人监护，配备足够的消防器材，所用的隔板应是防火阻燃材料。

图 20－42 室内动火作业无专人监护，未配备消防器材

（四）高处焊接作业时，下方存在可燃物（见图 20－43）

违反《电力建设安全工作规程 第 3 部分：变电站》（DL 5009.3—2013）3.6.1 条第 5 款：在高处进行焊接与切割工作，除应遵守本规程中高处作业的有关规定外，还应遵守以下规定：1）工作开始前应清除下方的易燃物，或采取可靠的隔离、防护措施，焊渣可能飞溅的下方区域均应设置围栏，并设专人监护。

图 20－43 焊接作业下方存在气瓶

（五）焊接、切割操作 5m 范围内存在易燃、易爆物品，或无隔离措施（见图 20－44），或焊接作业点 10m 范围内有易燃、易爆品仓库

（1）违反《电力建设安全工作规程 第 3 部分：变电站》（DL 5009.3—2013）3.6.1 条第 6 款：不得在储存易燃易爆物品的场所周围 10m 范围内进行焊接或切割工作。

（2）违反《电力建设安全工作规程 第 3 部分：变电站》（DL 5009.3—2013）3.6.1 条第 7 款：在焊接、切割地点周围 5m 范围内，应清除易燃易爆物品；确实无法清除时，应采取可靠的隔离

或防护措施。

（3）违反《电力建设安全工作规程　第 3 部分：变电站》（DL 5009.3—2013）4.5.5 条第 3 款：框架柱竖向钢筋焊接前应根据焊接钢筋的高度搭设相应的操作平台，平台要牢固可靠，周围及下方的易燃物应及时清理。工作完毕后应切断电源，检查现场，确认无火灾隐患后方可离开。

（4）违反《电力建设安全工作规程　第 3 部分：变电站》（DL 5009.3—2013）4.6.2 条第 7 款：在吊顶内作业时应搭设步道，非上人吊顶不得上人。吊顶内操作时应使用安全电压照明。吊顶内焊接要严加防火，焊接地点不得堆放易燃物。

图 20－44　焊接操作 5m 范围内存在木板、配电箱等易燃物品且无隔离措施

（六）焊接操作棚内存在可燃物品，未配备灭火器材

违反《电力建设安全工作规程　第 3 部分：变电站》（DL 5009.3—2013）3.5.6 条第 3 款：焊接操作时应戴防护眼镜及手套，并站在橡胶绝缘垫或干燥木板上。工作棚应用防火材料搭设，棚内不得堆放易燃易爆物品，并应备有灭火器材。

（七）滤油区防火措施不完善（见图 20－45）

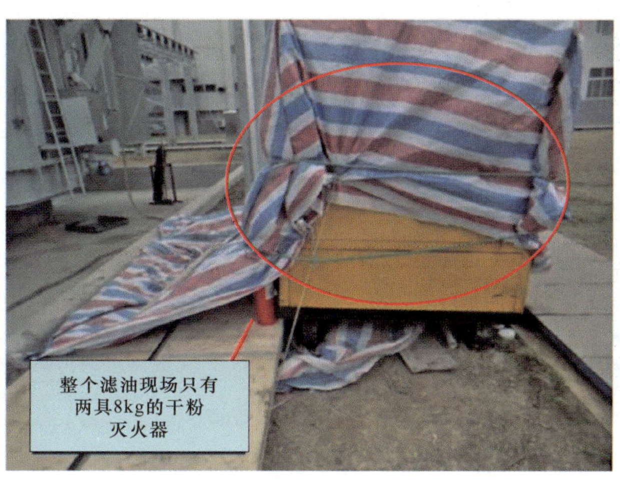

图 20－45　滤油区消防器材数量不足、防火措施不完善

违反《电力建设安全工作规程　第 3 部分：变电站》（DL 5009.3—2013）3.5.14 条第 3 款：滤油设备应远离火源及烤箱，并有相应的防火措施。

（八）冬季使用火炉取暖时，通风不良、周围存在可燃物（见图 20-46）

违反《电力建设安全工作规程　第 3 部分：变电站》（DL 5009.3—2013）3.7.2 条第 2 款：冬季施工，对取暖设施应进行全面检查。用火炉取暖时，应防止一氧化碳中毒，并加强用火管理，及时清除火源周围的易燃物。

图 20-46　火炉附近有纸板等可燃物

（九）喷灯使用场所附近周围存在易燃物

违反《电力建设安全工作规程　第 3 部分：变电站》（DL 5009.3—2013）3.5.17 条第 4 款：使用喷灯的工作场所不得靠近易燃物。

（十）在脚手架上进行电、气焊作业时未配备足够消防器材，无专人监护（见图 20-47）

违反《电力建设安全工作规程　第 3 部分：变电站》（DL 5009.3—2013）4.4.16 条：在脚手架上进行电、气焊作业时，应有防火措施并配备足够消防器材和专人监护。

图 20-47　在脚手架上进行电焊作业时无专人监护、未配备消防器材

（十一）变压器现场补焊时，未制定专项施工方案，防火措施不齐全

（1）违反《电力建设安全工作规程　第 3 部分：变电站》（DL 5009.3—2013）5.1.1 条第 10 款：变压器引线焊接不良需在现场进行补焊时，应制定专项施工方案并采取绝热和隔离等防火措施。

（2）违反《电力建设安全工作规程　第 3 部分：变电站》（DL 5009.3—2013）5.1.1 条第 11 款：对已充油的变压器、电抗器的微小渗漏进行补焊时，应制定专项施工方案并遵守下列规定：5）应有妥善的安全防火措施，并向全体作业人员进行安全技术交底。

（十二）动火制作电缆头时，作业场所 5m 内存在易燃物，未配备合适的消防器材

违反《电力建设安全工作规程　第 3 部分：变电站》（DL 5009.3—2013）5.3.2 条第 1 款：制作电缆头需动火时，应遵守下列规定：

（1）电缆施工需动火时应开具安全施工作业票，落实动火安全责任和措施。

（2）作业场所 5m 内应无易燃易爆物品，通风良好。

（6）应配备合适的消防器材。

二、动火作业主要安全控制措施

（1）在室内动用电焊、气焊等明火时，在防火重点部位或易燃易爆区周围动用明火或进行可能产生火花的作业时，电缆施工需动火时，均应按规定办理动火作业票。

（2）动火、焊接或切割作业前，制定完善的防火措施，设置专人监护，配备足够的消防器材。

（3）严禁在储存易燃易爆物品的场所周围 10m 范围内进行焊接或切割工作。《电力建设安全工作规程　第 3 部分：变电站》（DL 5009.3—2013）第 3.6.1 条第 7 款规定，在焊接、切割地点周围 5m 范围内，应清除易燃、易爆物品；确实无法清除时，应采取可靠的隔离或防护措施，所用的隔离板必须是防火阻燃材料，严禁用木板。

（4）焊接或切割作业前，检查电焊机的地线和一、二次线绝缘，并确认动火周围无易燃易爆物品，配备充足消防器材。

（5）变压器、滤油机、油罐周边 10m 内严禁烟火，不得有动火作业。

（6）焊接和切割工作结束后，必须切断电源和气源。作业间断或终结后，应清理现场，确认无残留火种后方可离开。

（7）利用作业必备条件及班前会检查，对动火、焊接或切割作业安全防护措施、设施进行检查。

第六节　消　防　管　理

一、典型违章及违反条款

（一）主控楼消防箱内消火栓出水口方向设置错误（见图 20－48）

违反《消防给水及消火栓系统技术规范》（GB 50974—2014）7.4.8 条：建筑室内消

火栓栓口的安装高度应便于消防水龙带的连接和使用，其距地面高度宜为 1.1m；其出水方向应便于消防水带的敷设，并宜与设置消火栓的墙面成 90° 角或向下。

（二）消防砂含水量过大（见图 20－49）

违反《电力设备典型消防规程》（DL 5027—2015）6.1.7 条：消防用砂应保持足量和干燥。

图 20－48　消火栓出水口方向设置错误

图 20－49　消防砂含水量过大

（三）用黄土代替消防砂（见图 20－50），现场消防砂箱配备不满足要求（见图 20－51）

违反《电力设备典型消防规程》（DL 5027—2015）14.3.5 条：油浸式变压器、油浸式电抗器、油罐区、油泵房、油处理室、特种材料库、柴油发电机、磨煤机、给煤机、送风机、引风机和电除尘等处应设置消防砂箱或砂桶，内装干燥细黄砂。消防砂箱容积为 1.0m^3，并配置消防铲，每处 3～5 把，消防砂桶应装满干燥黄砂。消防砂箱、砂桶和消防铲均应为大红色，砂箱的上部应有白色的“消防砂箱”字样，箱门正中应有白色的“火警 119”字样，箱体侧面应标注使用说明。消防砂箱的放置位置应与带电设备保持足够的安全距离。

图 20－50　用黄土代替消防砂

图 20－51　现场消防砂箱配备不满足要求

（四）灭火器压力不足（见图 20-52）

违反《国家电网公司电力安全工作规程（电网建设部分）（试行）》3.6.1.3 条：消防设施应有防雨、防冻措施，并定期进行检查、试验，确保有效。

（五）灭火器无出厂合格证（见图 20-53）

违反《建筑灭火器配置验收及检查规范》（GB 50444—2008）2.2.1 条：灭火器的进场检查应符合：灭火器应符合市场准入的规定，并有出厂格证和相关证书。

图 20-52　灭火器压力不足

图 20-53　灭火器无出厂合格证

（六）灭火器未定期检查（见图 20-54）

违反《建筑灭火器配置验收及检查规范》（GB 50444—2008）5.2.1 条：灭火器的配置、外观等应按表 C 的要求每月进行一次检查。

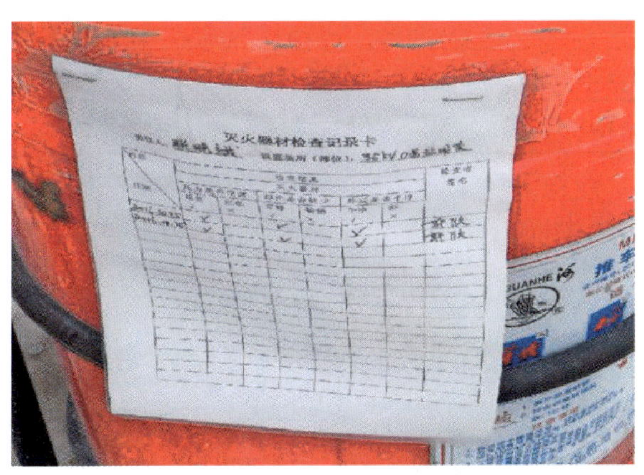

图 20-54　灭火器未定期检查

表 C　　建筑灭火器检查内容、要求及记录

<table>
<tr><th colspan="2">检查内容和要求</th><th>检查记录</th><th>检查结论</th></tr>
<tr><td rowspan="2">配置检查</td><td>1. 灭火器是否放置在配置图表规定的设置点位置</td><td></td><td></td></tr>
<tr><td>2. 灭火器的落地、托架、挂钩等设置方式是否符合配置设计要求。手提式灭火器的挂钩、托架安装后是否能承受一定的静载荷，并不出现松动、脱落、断裂和明显变形</td><td></td><td></td></tr>
</table>

续表

检查内容和要求		检查记录	检查结论
配置检查	3. 灭火器的铭牌是否朝外，并且器头宜向上		
	4. 灭火器的类型、规格、灭火级别和配置数量是否符合配置设计要求		
	5. 灭火器配置场所的使用性质，包括可燃物的种类和物态等，是否发生变化		
	6. 灭火器是否达到送修条件和维修期限		
	7. 灭火器是否达到报废条件和报废期限		
	8. 室外灭火器是否有防雨、防晒等保护措施		
	9. 灭火器周围是否存在有障碍物、遮挡、拴系等影响取用的现象		
	10. 灭火器箱是否上锁，箱内是否干燥、清洁		
	11. 特殊场所中灭火器的保护措施是否完好		
外观检查	1. 灭火器的铭牌是否无残缺，并清晰明了		
	2. 灭火器铭牌上关于灭火剂、驱动气体的种类、充装压力、总质量、灭火级别、制造厂名和生产日期或维修日期等标志及操作说明是否齐全		
	3. 灭火器的铅封、销闩等保险装置是否未损坏或遗失		
	4. 灭火器的筒体是否无明显的损伤（磕伤、划伤）、缺陷、锈蚀（特别是筒底和焊缝）、泄漏		
	5. 灭火器喷射软管是否完好，无明显龟裂，喷嘴不堵塞		
	6. 灭火器的驱动气体压力是否在工作压力范围内（贮压式灭火器查看压力指示器是否指示在绿区范围内，二氧化碳灭火器和储气瓶式灭火器可用称重法检查）		
	7. 灭火器的零部件是否齐全，并且无松动、脱落或损伤		
	8. 灭火器是否未开启、喷射过		

（七）灭火器数量不足

违反《建筑灭火器配置设计规范》（GB 50140—2005）6.1.1 条：一个计算单元内配置的灭火器数量不得少于 2 具。

（八）施工现场临时材料站（库房）消防器材配备不合理

（1）违反《电力建设安全工作规程　第 2 部分：电力线路》（DL 5009.2—2013）3.2.2 条第 3 款：临时库房的设置和建造应遵循下列规定：2）应配备适用的消防器材。

（2）违反《电力建设安全工作规程　第 2 部分：电力线路》（DL 5009.2—2013）3.2.4 条第 4 款：材料站、易燃物品存放地，工程用火、生活用火区等应按规定配备消防器材。

（九）电气设备及林区施工未配备消防器材

（1）违反《电力建设安全工作规程　第 2 部分：电力线路》（DL 5009.2—2013）3.2.4 条第 1 款：电气设备附近应配备适用于扑灭电气火灾的消防器材。

（2）违反《电力建设安全工作规程　第 2 部分：电力线路》（DL 5009.2—2013）3.2.4 条第 3 款：在林区、牧区进行施工，应遵守当地的防火规定，并配备必要的消防器材。

（十）基础采用暖棚养护时未配备消防器材

违反《电力建设安全工作规程　第 3 部分：变电站》（DL 5009.3—2013）4.5.9 条第 3 款：棚内采用碳炉保温时，应配置足够的消防器材。

（十一）配漆场所施工时及储油和油处理现场未足够配备消防器材

（1）违反《电力建设安全工作规程　第 3 部分：变电站》（DL 5009.3—2013）4.9.2 条第 8 款：配漆场所应通风良好，配备消防设施，严禁烟火。

（2）违反《电力建设安全工作规程　第 3 部分：变电站》（DL 5009.3—2013）5.1.1 条第 6 款：储油和油处理现场应配备足够、可靠的消防器材。

（十二）干燥变压器现场和电缆头制作现场需动火时未配备足够的消防器材

（1）违反《电力建设安全工作规程　第 3 部分：变电站》（DL 5009.3—2013）第 5.1.1 条第 8 款：干燥变压器现场不得放置易燃物品，并应配备足够的消防器材。

（2）违反《电力建设安全工作规程　第 3 部分：变电站》（DL 5009.3—2013）5.3.2 条第 1 款：制作电缆头需动火时，应遵守下列规定：6）应配备合适的消防器材。

（十三）现场未按规定储备消防应急物资

违反《国家电网公司电力安全工作规程（电网建设部分）（试行）》3.1.7 条：施工现场应编制应急现场处置方案，配备应急医疗用品和器材等，施工车辆宜配备医药箱，并定期检查其有效期限，及时更换补充。

（十四）施工单位消防、车辆管理部门未开展消防应急管理

违反《国家电网公司基建安全管理规定》（国网（基建/2）173—2019）附件 2 的第十二条：（三）组织消防知识教育培训，负责专职、兼职消防队伍的训练和管理。

（十五）施工项目部未按规定开展消防应急演练

违反《国家电网公司基建安全管理规定》（国网（基建/2）173—2019）第一百零一条：施工项目部在工程开工后或每年至少要开展一次应急救援知识培训和应急演练，制定并落实经费保障、医疗保障、交通运输保障、物资保障、治安保障和后勤保障等措施，确保应急救援工作的顺利进行。

二、消防管理安全管控措施

（1）室内消火栓应设置在楼梯间及其休息平台和前室、走道等明显易于取用以及便于火灾扑救的位置；设置室内消火栓的建筑，包括设备层在内的各层均应设置消火栓；消火栓出水方向应便于消防水带的敷设。

（2）消防用砂应保持足量和干燥；油浸式变压器、油浸式电抗器、油罐区、油泵房、油处理室、特种材料库、柴油发电机、磨煤机、给煤机、送风机、引风机和电除尘等处应设置消防砂箱或砂桶，内装干燥细黄砂。

（3）灭火器应有出厂合格证和相关证书；灭火器的铭牌、生产日期和维修日期等标志应齐全；灭火器的类型、规格、灭火及级别和数量应符合配置设计要求。

（4）灭火器的筒体应无明显缺陷和机械损伤；灭火器的保险装置应完好；灭火器压

力指示器的指针应在绿区范围内。

（5）推车式灭火器的行驶机构应完好。

（6）灭火器应每月进行一次检查。

（7）一个计算单元内配置的灭火器数量不得少于 2 具，每个设置点的灭火器数量不宜多于 5 具。

（8）临时库房的设置和建造应应配备适用的消防器材。材料站、易燃物品存放地、工程用火区、生活用火区等应按规定配备消防器材。

（9）电气设备附近应配备适用于扑灭电气火灾的消防器材。在林区、牧区进行施工应遵守当地的防火规定，并配备必要的消防器材。

（10）棚内采用碳炉保温时，应配置足够的消防器材。

（11）配漆场所应通风良好，配备消防设施，严禁烟火。储油和油处理现场应配备足够、可靠的消防器材。

（12）干燥变压器现场不得放置易燃物品，并应配备足够的消防器材。制作电缆头需动火时，应配备合适的消防器材。

（13）施工现场应编制消防应急现场处置方案，配备应急医疗用品和器材等，施工车辆宜配备医药箱，并定期检查其有效期限，及时更换补充。

（14）施工单位消防、车辆管理部门组织消防知识教育培训，负责专职、兼职消防队伍的训练和管理。

（15）施工项目部在工程开工后或每年至少要开展一次消防应急救援知识培训和应急演练，制定并落实经费保障、医疗保障、交通运输保障、物资保障、治安保障和后勤保障等措施，确保应急救援工作的顺利进行。

第七节 分包管理

一、典型违章及违反条款

（一）分包商超资质超范围承揽任务，或超能力承揽任务且无法提供核心劳务分包人员配置

违反《建筑法》第二十九条：建筑工程总承包单位可以将承包工程中的部分工程发包给具有相应资质条件的分包单位。但是，除总承包合同中约定的分包外，必须经建设单位认可。施工总承包的，建筑工程主体结构的施工必须由总承包单位自行完成。

（二）施工单位主体结构工程进行专业分包

违反《合同法》第二百七十二条：承包人不得将其承包的全部建设工程转包给第三人或者将其承包的全部建设工程肢解以后以分包的名义分别转包给第三人。禁止承包人将工程分包给不具备相应资质条件的单位。禁止分包单位将其承包的工程再分包。建设工程主体结构的施工必须由承包人自行完成。

（三）分包队伍先进场施工后签订分包合同和安全协议，或签订的分包合同和安全协议与承包合同分包条款约定不一致

（1）违反《国家电网有限公司输变电工程施工分包安全管理办法》（国网（基建/3）181—2019）第二十四条：施工承包商依据施工承包合同约定选择相应的合格分包商并签订分包合同和分包安全协议，在分包工程开工前将已经签订的分包合同和分包安全协议报监理项目部和业主项目部备案。若施工承包合同未约定分包的，或者施工过程中需要修改的，应由施工承包商与建设管理单位重新签订施工承包补充合同。

（2）违反《国家电网有限公司输变电工程施工分包安全管理办法》第三十一条：施工承包商必须在工程分包项目开工前与分包商签定分包合同。

（四）分包合同与分包形式不一致（劳务分包的合同形式、专业分包的合同内容，劳务分包采用专业分包的计价和结算方式）

（1）违反住房和城乡建设部《建筑工程施工发包与承包违法行为认定查处管理办法》（建市规〔2019〕1号）第十二条：存在下列情形之一的，属于违法分包：

（六）专业作业承包人除计取劳务作业费用外，还计取主要建筑材料款和大中型施工机械设备、主要周转材料费用的。

（2）违反《国家电网有限公司输变电工程施工分包安全管理办法》第三十条：分包合同必须与分包形式一致，并满足法律法规要求。

（五）分包特种作业人员证件未报审或不合格

违反《安全生产法》第九十四条：生产经营单位有下列行为之一的，责令限期改正，可以处五万元以下的罚款；逾期未改正的，责令停产停业整顿，并处五万元以上十万元以下的罚款，对其直接负责的主管人员和其他直接责任人员处一万元以上二万元以下的罚款：

（七）特种作业人员未按照规定经专门的安全作业培训并取得相应资格，上岗作业的。

（六）劳务分包人员自带材料、机具，自行安排作业

（1）违反《建设工程安全生产管理条例》第二十七条：建设工程施工前，施工单位负责项目管理的技术人员应当对有关安全施工的技术要求向施工作业班组、作业人员作出详细说明，并由双方签字确认。

（2）违反《国家电网公司关于加强线路工程核心劳务分包队伍培育及管控的指导意见》中核心劳务分包队伍为施工单位相应作业层班组提供合格的劳务作业人员，在施工单位作业层班组骨干的组织、指挥、监护下开展工作，不得自行作业，不得自带材料、机具。严禁违规分包和违法转包。

（3）违反《国家电网有限公司输变电工程施工分包安全管理办法》第五十四条：劳务分包作业必须在作业层班组骨干的组织、指挥、监管下进行。

（4）违反《国家电网有限公司输变电工程施工分包安全管理办法》第五十二条：施工承包商应以自有骨干人员为核心组建作业层班组，采取“作业层班组骨干＋核心劳务分包人员＋一般劳务分包人员”的模式，统一岗位序列和任职资格要求，统一明确岗位工作标准，强化到岗到位和劳动纪律管理，将核心劳务分包人员纳入施工单位的作业层班组统一管理。

（七）超过一定规模的危险性较大的分部分项工程，施工单位未按规定对专项施工方案组织专家论证。对于危险性较大的专业分包施工作业，施工单位未开展安全技术交底、未派员全过程监督

（1）违反《国家电网有限公司输变电工程施工分包安全管理办法》第四十二条：专业分包商对所承担的施工项目必须按照要求编制施工方案。对于危险性较大的专业分包施工作业，施工承包商应进行安全技术交底。

（2）违反《国家电网有限公司输变电工程施工分包安全管理办法》第四十三条：施工承包商严格审查专业分包商的施工方案，并报监理项目部审批，监督其严格实施。超过一定规模的危险性较大的分部分项工程，施工承包商应按规定对专项施工方案组织专家论证。

（八）施工单位现场分包管理能力不足，不能满足现场管理需要

违反《国家电网有限公司输变电工程施工分包安全管理办法》第三十九条：施工承包商应根据项目现场一线管理人员配置情况，确定同时施工的作业现场数量，严禁不顾分包安全管理能力盲目增加分包队伍和作业现场。

（九）施工单位未按规定对分包人员开展培训，或培训不合格分包人员进场作业

违反《安全生产法》第二十五条：生产经营单位应当对从业人员进行安全生产教育和培训，保证从业人员具备必要的安全生产知识，熟悉有关的安全生产规章制度和安全操作规程，掌握本岗位的安全操作技能，了解事故应急处理措施，知悉自身在安全生产方面的权利和义务。未经安全生产教育和培训合格的从业人员不得上岗作业。生产经营单位应当建立安全生产教育和培训档案，如实记录安全生产教育和培训的时间、内容、参加人员以及考核结果等情况。

（十）分包人员未按规定体检

违反《电力安全工程规程　电力线路部分》（GB 26859—2011）4.1.1 条：经医师鉴定，工作人员无妨碍工作的病症（体格检查至少每两年一次）。

二、分包管理安全管控措施

（1）施工单位根据承包合同中关于分包管理的约定，在分包招标或遴选时认真开展资质审查，审查分包单位资质（施工资质、安装资质或劳务资质）是否符合国家、行业相关要求，是否存在超越资质范围承揽工程，综合评估分包商施工承载能力。

（2）施工单位根据承包合同关于分包管理的规定，合理选择专业分包或劳务分包方式（主体结构工程不得进行专业分包），依法开展分包。

（3）施工单位根据承包合同约定或经业主批准开展分包，施工项目部要将已签订的分包合同、安全协议及分包单位相关资料报监理、业主备案。具备相关条件准备进场施工时，业主、监理进行现场核查，核查一致并满足条件后才能进场施工。

（4）业主、监理加强分包合同内容的审查，核查分包合同与分包形式是否一致，严格区分开专业分包与劳务分包，特别是涉及工作内容、安全文明施工配置、材料和机具、费用计价和结算方式、安全质量责任划分等方面，确保分包形式与内容的实质性统一。

(5)施工单位督促或组织分包商开展分包人员体检工作，核查体检内容和体检结果，对体检不合格或与从事相关岗位存在职业禁忌的及时清理退场。核查特种作业人员资格证，确保持证上岗且证件在有效期内。自查合格后报监理审批。

(6)施工单位负责劳务分包作业施工方案的编审批，负责施工所需材料、施工工具、机具及安全防护用品的配备，负责组建作业层班组骨干队伍，负责施工作业票的签发。分包作业前，作业层班组负责对全体劳务分包作业人员进行安全技术交底。作业层班组及时核查分包人员是否存在自带小型工器具、安全防护用品使用情况，是否超出当日施工计划自行开展作业，所有作业是否都在其组织、指挥、监护下开展。监理项目部加强劳务分包作业规定执行情况的检查，违反规定及时进行停工整顿。

(7) 施工单位负责核查专业分包商自带起重机械、施工机械、工器具的检验合格证明和自检材料，检查合格后报监理项目部审核验证。施工单位负责审查专业分包商的施工方案，报监理项目部审批。对于危险性较大的专业分包施工作业，施工单位负责安全技术交底。超过一定规模的危险性较大的分部分项工程，施工单位负责按规定对专项施工方案组织专家论证。施工单位负责对专业分包工程的关键工序、隐蔽工程、危险性大、专业性强等施工作业进行全过程监督，业主、监理按规定到岗到位进行监督检查。

(8) 施工单位根据工程一级网络计划制定内控二级网络计划，统筹好施工图交付计划、物资供货计划、施工计划特别是停电计划的衔接与匹配，确保机械设备、现场管理人员与分包作业人员等各类资源投入的有序和均衡，及时做好相关资源的调配，坚决杜绝现场管理人员配备不足导致分包作业失控的情况。

(9) 施工单位按照“四统一”的要求抓好分包人员培训，实现全覆盖，未培训或培训不合格的人员不得进场。分包人员培训包括核心分包人员定期培训、入场培训、过程培训。核心分包人员定期培训由施工单位组织开展，建设管理单位进行复核；入场培训由施工项目部组织开展，业主项目部、监理项目部进行监督，在人员进场前完成；过程培训由施工项目部组织开展，业主项目部、监理项目部进行监督。分包人员入场培训应结合公司下发的各类文件、规章制度的更新及新技术、新施工方法等内容开展，培训考试应涵盖所有现场分包人员。

第八节　施工方案管理

一、施工方案编制审批管理违章

（一）典型违章及违反条款

1. 变电站构架吊装施工未编制专项施工方案

违反《国家电网有限公司基建安全管理规定》第五十七条：施工项目部应根据工程实际编制一般施工方案或专项施工方案（见附件 5）。一般施工方案由施工项目部技术员编制，经施工项目部安全员、质检员审查，项目总工程师审批，报项目总监理工程师批准后，由施工项目部技术员组织交底实施。专项施工方案由施工项目部总工程师组织编制，针对重要临时设施、重要施工工序、特殊作业、危险作业项目（见附件 8），以及国家规定的危险性较大的分部分项工程（见附件 6），明确具体安全技术措施，并附安全验算结果，经施工企业技术、质量、安全等职能部门审核，施工企业技术负责人审批，报项目总监理工程师批准后，由施工单位指定专人现场监督实施。

2. 施工单位未针对高度超过 8m 的防火墙混凝土模板支撑方案组织专家论证

违反《国家电网有限公司基建安全管理规定》第五十八条：对超过一定规模的危险性较大的分部分项工程的专项施工方案（含安全技术措施），经施工企业技术负责人、项目总监理工程师审核后，施工企业还应按国家有关规定组织专家进行论证、审查，并根据论证报告修改完善专项施工方案，并经业主项目经理审批后由施工单位指定专人现场监督实施。

3. 超过一定规模的危险性较大的分部分项工程的专项施工方案（含安全技术措施），专家论证后未根据论证报告修改完善专项施工方案，未报业主项目经理审批

违反《国家电网有限公司基建安全管理规定》第五十八条：对超过一定规模的危险性较大的分部分项工程的专项施工方案（含安全技术措施），经施工企业技术负责人、项目总监理工程师审核后，施工企业还应按国家有关规定组织专家进行论证、审查，并根据论证报告修改完善专项施工方案，并经业主项目经理审批后由施工单位指定专人现场监督实施。

4. 专业分包商承担项目的施工方案由施工承包商编制

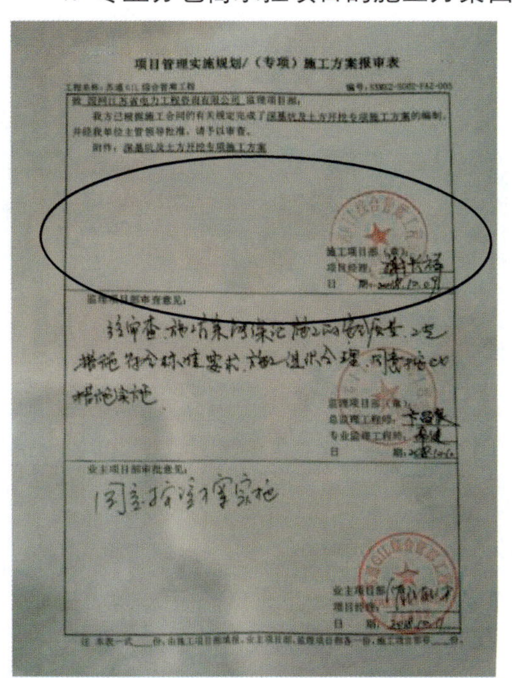
项目管理实施规划/（专项）施工方案报审表

施工项目部（章）：
项目经理：
日　　期：

监理项目部审查意见：

监理项目部（章）：
总监理工程师：
专业监理工程师：
日　　期：

业主项目部审批意见：

业主项目部：
项目经理：
日　　期：

图 20－55　施工方案报审表中未加盖施工项目经理的建造师执业资格印章

违反《国家电网有限公司输变电工程施工分包安全管理办法》第四十二条：专业分包商对所承担的施工项目必须按照要求编制施工方案。对于危险性较大的专业分包施工作业，施工承包商应进行安全技术交底。

5. 劳务分包作业施工方案由劳务分包单位编制

违反《国家电网有限公司输变电工程施工分包安全管理办法》第五十一条：施工承包商负责劳务分包作业施工方案的编制，负责施工作业票的签发。

6. 施工方案报审表中未加盖施工项目经理的建造师执业资格印章、总监理工程师未加盖执业印章（见图 20－55），以及方案审批页中编审批人员签字漏签、代签

违反《国家电网公司施工项目部标准化管理手册（2018 版）》编制说明：本手册管

理模板中施工项目部填写内容部分采用打印方式，监理项目部、业主项目部、建设管理单位审查意见及落款姓名、日期的签署均采用手写方式，项目经理签字的还应加盖注册建造师执业印章。

违反《建设工程监理规范》（GB/T　50319—2013）1.2 条：对下列表式的审核，总监理工程师除签字外，还需加盖执业印章（A.0.2 工程开工令；A.0.5 工程暂停令；A.0.7 工程复工令；A.0.8 工程款支付证书；B.0.1 施工组织设计/（专项）施工方案报审表；B.0.2 开工报审表；B.0.10 单位工程竣工验收报审表；B.0.11 工程款支付报审表；B.0.13 费用索赔报审表；B.0.14 工程临时/最终延期报审）。

（二）主要安全控制措施

（1）严格按照《国家电网有限公司基建安全管理规定》附件 5 的要求组织编制专项施工方案；严格按照《国家电网有限公司基建安全管理规定》附件 6、附件 7、附件 8 的要求，在专项施工方案中明确具体安全技术措施，并附安全验算结果；在《项目管理实施规划》中明确专项施工方案清单。

（2）专项施工方案严格按照《国家电网有限公司基建安全管理规定》第五十七条的要求，由符合任职条件的人员履行编审批职责；在《施工安全管控措施中》列出工程需编制的一般、专项施工方案，明确编审批责任人，制定明确的编制计划。

（3）严格按照《国家电网有限公司基建安全管理规定》附件 7 的要求，明确需要专家论证的施工方案范围，经施工企业技术负责人、项目总监理工程师审核后，按照国家相关规定组织专家论证，专家论证意见、专项评审记录以会议纪要的方式留存。

（4）超过一定规模的危险性较大的分部分项工程的专项施工方案，专家论证后根据论证报告修改完善专项施工方案，报业主项目经理审批。

（5）严格分包作业施工方案管理，监理项目部在进行施工方案审核时，严格审核方案编制单位。

（6）总监理工程师在进行施工方案审查时，严格审核编审批人员资格、签名及施工项目经理执业印章。

二、施工方案变更、执行违章

（一）典型违章及违反条款

1. 施工方案、机械、环境等发生变化后，未完善施工方案，或虽完善施工方案，但未重新履行编审批手续

违反《国家电网有限公司基建安全管理规定》第六十二条：施工周期超过一个月或重复施工的施工项目，应重新组织方案交底；如施工方法、机械（机具）、环境等条件发生变化，应完善措施，重新报批，重新办理作业票，重新交底。

2. 施工方案项目部级交底（项目部向作业层班组骨干交底）、班组级交底（即作业票交底过程，由班组长向全体作业人员宣读作业票，作业人员听懂、弄通、接受并签字即完成交底过程）开展不实，未全员交底，交底内容不具体、深度不够

违反《国家电网有限公司基建安全管理规定》第五十九条：全体作业人员应参加施

工方案、安全技术措施交底，并按规定在交底书上签字确认。施工过程如需变更施工方案，应经措施审批人同意，监理项目部审核确认后重新交底。

3. 施工周期超过一个月或重复施工的施工项目和变更后的施工方案，未重新交底

（1）违反《国家电网有限公司基建安全管理规定》第五十九条：全体作业人员应参加施工方案、安全技术措施交底，并按规定在交底书上签字确认。施工过程如需变更施工方案，应经措施审批人同意，监理项目部审核确认后重新交底。

（2）违反《国家电网有限公司基建安全管理规定》第六十二条：施工周期超过一个月或重复施工的施工项目，应重新组织方案交底；如施工方法、机械（机具）、环境等条件发生变化，应完善措施，重新报批，重新办理作业票，重新交底。

4. 施工人员未严格按方案施工，现场随意变更施工方案

违反《国家电网有限公司基建安全管理规定》第五十七条：施工项目部应根据工程实际编制一般施工方案或专项施工方案（见附件 5），一般施工方案中要求由施工项目部技术员组织交底实施，专项施工方案中要求由施工单位指定专人现场监督实施。

（二）主要安全控制措施

（1）在《施工安全管控措施》中列出工程需编制的一般、专项施工方案，明确编审批责任人，交底程序，制定明确的编制计划。需要重新编制方案及时完善方案履行编审批手续；需要重新交底的及时开展方案交底。

（2）按规定在交底书上或作业票上签字确认的作业人员，不得参与作业；监理加强对项目部级交底记录签字、作业票签字核对检查。

（3）监理加强对施工方案执行情况的监督，重点检查作业票内容与现场实际施工内容是否相符、班组成员对现场施工作业必备条件和作业过程安全措施是否清楚、作业现场实际施工方法及采用的工器具与施工方案是否一致。

第九节 教育培训及交底

一、典型违章及违反条款

（一）施工单位的安全生产教育培训未做到全员覆盖

（1）违反《安全生产法》第二十五条：生产经营单位应当对从业人员进行安全生产教育和培训，保证从业人员具备必要的安全生产知识，熟悉有关的安全生产规章制度和安全操作规程，掌握本岗位的安全操作技能，了解事故应急处理措施，知悉自身在安全生产方面的权利和义务。未经安全生产教育和培训合格的从业人员，不得上岗作业。

（2）违反《建设工程安全生产管理条例》第三十六条：施工单位应当对管理人员和作业人员每年至少进行一次安全生产教育培训，其教育培训情况记入个人工作档案。安全生产教育培训考核不合格的人员不得上岗。

（3）违反《电力建设安全工作规程　第 3 部分：变电站》（DL 5009.3—2013）3.1.4 条第 3 款：施工作业人员及管理人员应具备所从事作业的基础知识和技能，熟悉并严格

遵守本规程的有关规定，经安全知识教育和安全技能培训，并每年考试一次，考试合格方可上岗。

（二）施工单位安全教育培训记录不全

违反《安全生产法》第二十五条：生产经营单位应当建立安全生产教育和培训档案，如实记录安全生产教育和培训的时间、内容、参加人员及考核结果等情况。

（三）作业人员未经安全生产教育培训考核（见图 20－56）

（1）违反《安全生产法》第二十五条：生产经营单位应当对从业人员进行安全生产教育和培训，保证从业人员具备必要的安全生产知识，熟悉有关的安全生产规章制度和安全操作规程，掌握本岗位的安全操作技能，了解事故应急处理措施，知悉自身在安全生产方面的权利和义务。未经安全生产教育和培训合格的从业人员，不得上岗作业。

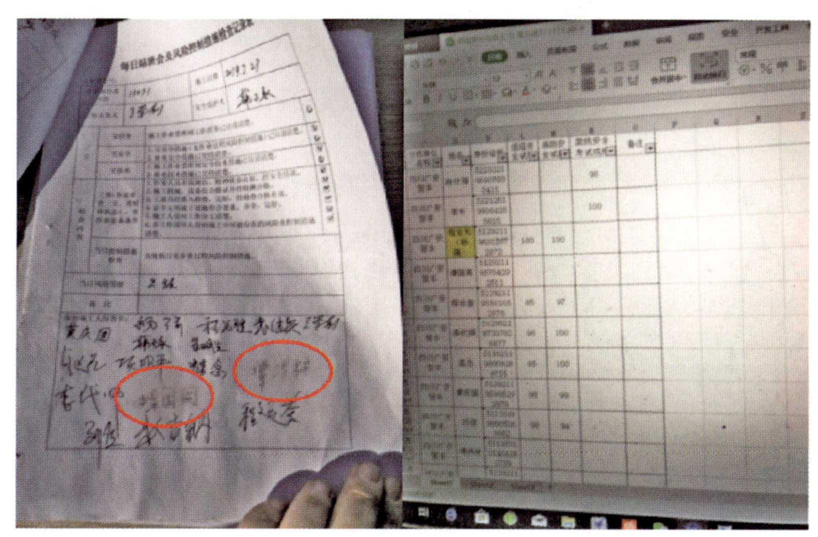

图 20－56　班组成员谭**未进行安规考试

（2）违反《建设工程安全生产管理条例》第三十七条：作业人员进入新的岗位或者新的施工现场前，应当接受安全生产教育培训。未经教育培训或者教育培训考核不合格的人员，不得上岗作业。

（四）设备生产厂现场服务人员未经安全教育培训

违反《国家电网公司电力安全工作规程（电网建设部分）（试行）》2.2.5 条：进入现场的其他人员（供应商、实习人员等）应经过安全生产知识教育后，方可进入现场参加指定的工作，并且不得单独工作。

（五）作业前施工项目部未对施工方案进行技术交底

违反《国家电网公司电力安全工作规程（电网建设部分）（试行）》2.1.2 条：安全施工方案编制完成并交底。

（六）施工方案变更后，未重新进行技术交底

违反《国家电网公司电力安全工作规程（电网建设部分）（试行）》2.4.3 条：安全施工方案如需变更，应重新履行审批手续，并组织交底。

（七）作业负责人未利用站班会进行每日交底（见图 20－57）

（1）违反《国家电网公司关于基建安全日常管控体系简化优化的实施方案》（国家电网基建〔2017〕1056 号）：（三）优化施工方案管理，强化施工方案有效落地：班组级交底要通过站班会宣读作业票等形式，向全体作业人员讲清楚任务分工、技术要点、管控措施，确保所有作业人员入脑入心，使交底形式和内容符合现场具体需要，优化交底记录要求，杜绝形式化的交底内容，确保施工方案有效落地。

图 20－57 作业负责人未对作业班组进行交底

（2）违反《国家电网公司电力安全工作规程（电网建设部分）（试行）》2.5.3.5.3 条作业负责人责任：c）施工作业前，对全体作业人员进行安全交底及危险点告知，交待安全措施和技术措施，并确认签字。

（八）培训交底不到位，施工作业人员不了解其作业的作业风险及防范措施

（1）违反《安全生产法》第四十一条：生产经营单位应当教育和督促从业人员严格执行本单位的安全生产规章制度和安全操作规程，并向从业人员如实告知作业场所和工作岗位存在的危险因素、防范措施及事故应急措施。

（2）违反《安全生产法》第五十五条：从业人员应当接受安全生产教育和培训，掌握本职工作所需的安全生产知识，提高安全生产技能，增强事故预防和应急处理能力。

（3）违反《国家电网公司电力安全工作规程（电网建设部分）（试行）》2.2.7 条：作业人员应被告知其作业现场和工作岗位存在的危险因素、防范措施及事故应急措施。

（4）违反《国家电网公司电力安全工作规程（电网建设部分）（试行）》2.5.3.5.5 作业人负责任：a）熟悉作业范围、内容及流程，参加作业前的安全交底，掌握并落实安全措施，明确作业中的危险点，并在作业票上签字。

（九）机械操作人员未接受安全技术交底

违反《国家电网公司电力安全工作规程（电网建设部分）（试行）》5.2.1.2 条：机械作业前，操作人员应接受施工任务和安全技术措施交底。

二、教育培训及交底安全控制措施

（1）建设管理单位应对基建管理人员进行安全培训，业主项目部对监理、施工项目部主要管理人员参加培训的情况进行检查、监督。

（2）监理、施工单位应每年至少组织一次对所有从业人员的安全培训；施工单位督

促检查分包商人员的安全教育培训，对劳务分包人员要建立专项教育名册，按照与本单位员工相同的要求开展培训。

（3）施工单位对新录用人员应进行不少于 40 个课时的三级安全教育培训，经考试合格后方可上岗工作。

（4）施工单位在施工中运用新技术、使用新装备、采用新材料、推行新工艺以及职工调换工种时，应对作业人员进行相应的安全教育培训，经考试合格后方可上岗工作。

（5）施工作业前相关的施工项目经理、项目总工程师、技术员、安全员、施工负责人、作业负责人、监理人员、特种作业人员、特种设备作业人员及其他作业人员应进行安全教育培训，并考试合格。

（6）作业人员应经相应的安全生产教育和岗位技能培训、考试合格，掌握本岗位所需的安全生产知识、安全作业技能和紧急救护法。进入现场的其他人员（供应商、实习人员等）应经过安全生产知识教育后，方可进入现场参加指定的工作，并且不得单独工作。

（7）特种作业、特殊工种应经培训合格，持有效证件上岗，非此类人员不得从事相关工作。作业层班组班长、指挥、技术员、质检员、安全员、牵张机械操作手、绞磨操作工、导地线压接工、测量工等岗位工种人员应通过施工企业组织的岗位技能培训并持证上岗。

（8）施工作业前应完成安全施工方案交底，方案变更后应重新进行安全技术交底，交底应由编制人负责完成。

（9）项目部级交底要向作业层班组骨干讲清楚施工方案，班组长在听懂弄通后，核实现场作业条件，提炼核心内容填写作业票；班组级交底要通过站班会宣读作业票等形式，向全体作业人员讲清楚任务分工、技术要点、管控措施，确保所有作业人员入脑入心，使交底形式和内容符合现场具体需要，优化交底记录要求，杜绝形式化的交底内容，确保施工方案有效落地。

（10）施工作业前，施工负责人对全体作业人员进行安全交底及危险点告知，交待安全措施和技术措施，并确认签字。作业人员要熟悉作业范围、内容及流程，参加作业前的安全交底，掌握并落实安全措施，明确作业中的危险点，并在作业票上签字。机械操作人员应接受施工任务和安全技术措施交底。

（11）施工单位应将设备厂家现场服务人员纳入施工现场统一管理，厂家现场服务人员进场前必须经过安全培训并考试合格，施工前应纳入工作班成员接受安全技术交底。

第二十一章 变电站土建施工

第一节 基 础 施 工

(一)典型违章及违反条款

1. 开挖深度≥5m 的深基坑开挖、支护、降水施工方案未进行专家认证

(1)违反《危险性较大的分部分项工程安全管理规定》(住建部令第 37 号)第十二条:对于超过一定规模的危大工程,施工单位应当组织召开专家论证会对专项施工方案进行论证。实行施工总承包的,由施工总承包单位组织召开专家论证会。专家论证前专项施工方案应当通过施工单位审核和总监理工程师审查。

(2)违反《建筑施工安全检查标准》(JGJ 59—2011)3.11.3 条:开挖深度超过 5m 的基坑土方开挖、支护、降水工程或开挖深度虽未超过 5m 但地质条件、周围环境复杂的基坑土方开挖、支护、降水工程专项施工方案,应组织专家进行论证。

2. 基坑放坡不满足设计图纸和标准规范要求(见图 21－1)

违反《电力建设安全工作规程　第 3 部分:变电站》(DL 5009.3—2013)4.1.1 条:土石方开挖的边坡值应满足设计要求。无设计要求时,对开挖深度分别不超过 4m 的软土和 8m 的硬土,应符合表 4.1.1 规定。

表 4.1.1　　边　坡　值

土的类别		边坡值(高:宽)
砂土(不包括细砂、粉砂)		1:1.25～1:1.50
一般性黏土	硬	1:0.75～1:1.00
	硬、塑	1:1.00～1:1.25
	软	1:1.50 或更缓
碎石类土	充填坚硬、硬塑黏性土	1:0.50～1:1.00
	充填砂土	1:1.00～1:1.50

注　如采用降水或其他加固措施,可不受本表限制,但应计算复核。

3. 基坑坑底泡水,或边坡无防护(见图 21－2)

(1)违反《电力建设安全工作规程　第 3 部分:变电站》(DL 5009.3—2013)4.1.2 条:②基坑施工中,基坑内外应设置集水井和明沟,基坑边坡应进行必要防护,防止雨水对土坡的侵蚀。⑥已开挖的基坑应防止水泡,并采取防洪、防泥石流的措施。

（2）违反《建筑地基基础工程施工质量验收标准》（GB 50202—2018）8.2.1 条：采用集水明排的基坑，应检验排水沟、集水井的尺寸。排水时集水井内水位应低于设计要求水位不小于 0.5m。

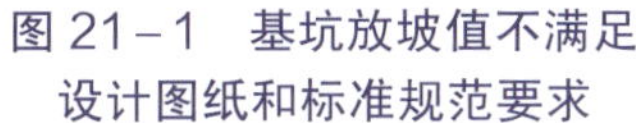

图 21－1 基坑放坡值不满足设计图纸和标准规范要求

图 21－2 基坑泡水

4. 基坑未设置防护围栏，或围栏固定不牢，或围栏距离坑边小于 0.8m（见图 21－3）

（1）违反《建筑施工安全检查标准》（JGJ 59—2011）3.11.3 条：开挖深度超过 2m 及以上的基坑周边必须安装防护栏杆，防护栏杆的安装应符合规范要求。

图 21－3 防护围栏距基坑边距过小且未有效固定

（2）违反《电力建设安全工作规程　第3部分：变电站》（DL 5009.3—2013）4.1.1条：土石方开挖施工区域应设围栏和安全警示标志，夜间应悬挂警示灯，围栏离坑边不得小于0.8m。

（3）违反《国家电网公司电力安全工作规程（电网建设部分）（试行）》6.1.1.4条：挖掘施工区域应设围栏及安全标志牌，夜间应挂警示灯，围栏离坑边不得小于 0.8m。夜间进行土石方作业应设置足够的照明，并设专人监护。

5. 基坑开挖余土堆放距坑边距离小于1m、堆土高度高于1.5m（见图21－4）

违反《电力建设安全工作规程　第3部分：变电站》（DL 5009.3—2013）4.1.1条：挖出的土石方应堆放在距坑边1m以外，高度不得超过1.5m。

6. 基坑支护不规范，造成基坑周边建构筑物、管线、道路的破坏或影响安全使用（见图21－5）

（1）违反《电力建设安全工作规程　第3部分：变电站》（DL 5009.3—2013）4.1.1条：在建筑物、电杆、铁塔、铁路、架空管道支架等附近进行土石方挖掘时，应制定专项施工方案并采取防护措施。

（2）违反《国家电网公司电力安全工作规程（电网建设部分）（试行）》6.1.3.1条：基坑支护应保证基坑周边建（构）筑物、地下管线、道路的安全使用和主体地下结构的施工空间。

图21－4　基坑开挖余土堆放距坑边距离小于1m、堆土高度高于1.5m

图21－5　基坑未采取有效支护措施

7. 混凝土泵车作业时支腿不稳，或距坑边距离过近（见图21－6）

（1）违反《电力建设安全工作规程　第3部分：变电站》（DL 5009.3—2013）3.5.3条：泵车就位地点应平坦坚实，不得停放在斜坡上，周围无障碍物，上方无架空导线。泵车就位后，应支起支腿并保持机身的平稳；机身倾斜度不得大于3°。

（2）违反《国家电网公司电力安全工作规程（电网建设部分）（试行）》6.4.4.1.6 条：支腿应支承在水平坚实的地面，支腿底部应与路面边缘保持一定的安全距离。

图 21-6　泵车支腿支承不稳固

（二）主要安全控制措施

（1）基坑工程施工应编制专项施工方案。开挖深度超过 3m 或虽未超过 3m 但地质条件和周边环境复杂的基坑土方开挖、支护、降水工程，应单独编制专项施工方案；专项施工方案应按规定进行审核、审批；开挖深度超过 5m 的基坑土方开挖、支护、降水工程或开挖深度虽未超过 5m 但地质条件、周围环境复杂的基坑土方开挖、支护、降水工程专项施工方案，应组织专家进行论证；当基坑周边环境或施工条件发生变化时，专项施工方案应重新进行审核、审批；正式施工前，应组织专项施工方案的安全技术交底。

（2）基坑应做好支护。人工开挖的狭窄基槽，开挖深度较大并存在边坡塌方危险时，应采取支护措施；地质条件良好、土质均匀且无地下水的自然放坡的坡率应符合规范要求；基坑支护结构应符合设计要求、基坑支护结构水平位移应在设计允许范围内；临近建（构）筑物、地下管线、道路基坑开挖时应采取“先撑后挖”措施，更换支撑时应“先装后拆”。

（3）当基坑开挖深度范围内有地下水时，应采取有效的降排水措施。基坑边沿周围地面应设排水沟。放坡开挖时，应对坡顶、坡面、坡脚采取降排水措施；基坑底四周应按专项施工方案设排水沟和集水井，并应及时排除积水。基坑顶部按规范要求设置截水沟或挡水坎。

（4）基坑开挖应在支护结构达到设计要求的强度后方可进行，严禁提前开挖和超挖；基坑开挖应按设计和施工方案的要求，分层、分段、均衡开挖；基坑开挖应采取措施防止碰撞支护结构、工程桩或扰动基底原状土土层；当采用机械在软土场地作业时，应采取铺设渣土或砂石等硬化措施。基坑边堆置土、料具等荷载应在基坑支护设计允许范围内；施工机械与基坑边沿的安全距离应符合设计要求。

（5）土方清运应满足安全文明施工要求。基坑坑口堆土安全距离要求：一般土质条件下弃土堆底至基坑顶边距离≥1m、弃土堆高≤1.5m；垂直坑壁边坡条件下弃土堆底至基坑顶边距离≥3m；在粉砂、淤泥和软土场地的基坑边上，禁止堆土。土方运送车应进行车厢覆盖，防止扬尘和落土，应按指定路线行驶，严禁在开挖的基础边缘 2m 内行驶、停放。人机配合开挖和清理基坑底余土时，应设专人指挥和监护。

（6）应按要求设置基坑安全防护。开挖深度超过 2m 及以上的基坑周边必须安装防护栏杆；基坑内应设置供施工人员上下的专用梯道，梯道应设置扶手栏杆，梯道的宽度不应小于 1m；降水井口应设置防护盖板或围栏，并应设置明显的警示标志。

（7）应按设计及规范要求开展基坑监测。基坑开挖前应编制监测方案，并应明确监测项目、监测报警值、监测方法和监测点的布置、监测周期等内容；监测的时间间隔应根据施工进度确定，当监测结果变化速率较大时，应加密观测次数；基坑开挖监测工程中，应根据设计要求提交阶段性监测报告。

（8）泵送混凝土支腿支承在水平坚实的地面。混凝土泵输送混凝土，其臂架应与母线或带电线路安全距离不满足要求。

第二节　结　构　施　工

一、钢筋工程

（一）典型违章及违反条款

1. 吊车吊运钢筋时绑扎不牢固，与其他物件混吊（见图 21－7）

违反《电力建设安全工作规程　第 3 部分：变电站》（DL 5009.3—2013）4.5.6 条：在使用吊车吊运钢筋时应绑扎牢固并设控制绳，钢筋不得与其他物件混吊。

图 21－7　吊车吊运钢筋时绑扎不牢固，与其他物件（地脚螺栓）混吊

2. 钢筋冷拉直场地未设置防护围栏或安全标志

违反《电力建设安全工作规程　第 3 部分：变电站》（DL 5009.3—2013）4.5.4 条：钢筋冷拉直场地应设置防护围栏及安全标志。钢筋采用卷扬机冷拉直时，卷扬机及地锚应按最大工件所需牵引力计算，卷扬机应布置在操作人员能看到现场工作情况的地方，前面应设防护挡板；或将卷扬机与工作方向成 90° 布置，并采用封闭式导向滑轮。

3. 梁柱钢筋安装时，钢筋集中堆放在模板或脚手架上（见图 21-8）

违反《电力建设安全工作规程　第 3 部分：变电站》（DL 5009.3—2013）4.5.5 条：高处钢筋绑扎时，不得将钢筋集中堆放在模板或脚手架上，脚手架上不得随意放置工具、箍筋或短钢筋。

图 21-8　钢筋集中堆放在脚手架上

4. 施工人员站在钢筋骨架或箍筋上绑扎框架钢筋，或者将木料、管子等穿在钢箍内作脚手板使用（见图 21-9）

违反《电力建设安全工作规程　第 3 部分：变电站》（DL 5009.3—2013）4.5.5 条：绑扎框架钢筋时，操作人员不得站在钢筋骨架上和攀登柱骨架上下。绑扎柱钢筋，不得站在钢箍上绑扎，不得将木料、管子等穿在钢箍内作脚手板用。

图 21-9　操作人员攀登钢筋骨架上下

图 21－10 高处作业钢筋工未系牢安全带

5. 竖向钢筋焊接作业未搭设操作平台

违反《电力建设安全工作规程 第 3 部分：变电站》（DL 5009.3—2013）4.5.5 条：框架柱竖向钢筋焊接前应根据焊接钢筋的高度搭设相应的操作平台，平台要牢固可靠，周围及下方的易燃物应及时清理。工作完毕后应切断电源，检查现场，确认无火灾隐患后方可离开。

6. 在高处进行钢筋作业时，作业人员未系牢安全带（见图 21－10）

违反《电力建设安全工作规 142 程 第 3 部分：变电站》（DL 5009.3—2013）4.5.5 条：必须在高处修整、扳弯粗钢筋时，作业人员应选好位置系牢安全带。在高处无安全措施的情况下，不得进行粗钢筋的校直工作及垂直交叉施工。

7. 操作人员戴手套使用调直机调直钢筋（见图 21－11）

违反《电力建设安全工作规程 第 3 部分：变电站》（DL 5009.3—2013）4.5.4 条：使用调直机调直钢筋时，操作人员应与滚筒保持一定距离，不得戴手套操作。

图 21－11 操作人员戴手套使用调直机调直钢筋

8. 钢筋加工机械设备转动部分无安全防护罩（见图 21－12）

违反《电力建设安全工作规程 第 3 部分：变电站》（DL 5009.3—2013）4.5.4 条：机械设备应安装稳固，机械的安全防护装置应齐全有效，转动部分有防护罩。

（二）主要安全控制措施

（1）钢筋断料、配料、弯料等工作应在地面进行，严禁在高空操作。

（2）严禁戴手套操作钢筋调直机。

图 21－12　钢筋切割机转动部分无安全防护罩

（3）搬运钢筋时电气设备应保持安全距离，严防碰撞，发生触电事故。

（4）焊接时，防止钢筋触碰电源。

（5）多人抬运钢筋时，起、落、转、停等动作应一致；人工上下传递时，不得站在同一垂直线上。

（6）在使用其中机械吊运钢筋时，必须绑扎牢固并设溜绳，钢筋不得与其他物件混吊。

（7）高处钢筋安装时，不得将钢筋集中堆放在模板或脚手架上。

（8）绑扎框架钢筋时，作业人员不得站在钢筋骨架上，不得攀登柱骨架上下；绑扎柱钢筋，不得站在钢箍上绑扎，不得将木板、管子等穿在钢箍内用作脚手板使用。

（9）在高处修整、扳弯粗钢筋时，作业人员应选好位置系牢安全带。

（10）雷雨时必须停止露天操作，预防雷击伤人。

二、混凝土工程

（一）典型违章及违反条款

1. 翻斗车运送混凝土，车上搭乘人员

违反《电力建设安全工作规程　第 3 部分：变电站》（DL 5009.3—2013）4.5.7 条：用翻斗车运送混凝土，车就位和倒料时，要缓慢。不得搭乘人员和材料。

2. 投料高度超过 2m 时，未使用溜槽或串筒

违反《电力建设安全工作规程　第 3 部分：变电站》（DL 5009.3—2013）4.5.8 条：投料高度超过 2m 时应使用溜槽或串筒。串筒宜垂直放置，串筒之间连接牢固，串筒连接较长时，挂钩应予加固。不得攀登串筒进行清理。

3. 振捣作业人员未佩戴绝缘防护用具

违反《电力建设安全工作规程　第 3 部分：变电站》（DL 5009.3—2013）4.5.8 条：作业人员不得踩踏模板支撑。振捣工作应穿好绝缘靴、戴好绝缘手套，搬动振动器或暂

停工作应将振动器电源切断。不得将运行中的振动器放在模板、脚手架或未凝固的混凝土上。

4. 作业时振动器冲击或振动钢筋、模板和预埋件（见图 21－13）

违反《电力建设安全工作规程　第 3 部分：变电站》（DL 5009.3—2013）4.5.8 条：作业人员在操作振动器时不得使用振动器冲击或振动钢筋、模板及预埋件等。

图 21－13　振动器振动钢筋

5. 浇筑框架、梁、柱、墙混凝土时，未架设脚手架或作业平台

违反《电力建设安全工作规程　第 3 部分：变电站》（DL 5009.3—2013）4.5.8 条：浇筑框架、梁、柱、墙混凝土时，应架设脚手架或作业平台，不得站在梁或柱的模板、临时支撑上或脚手架护栏上操作。

6. 冬季养护时，少数作业人员在棚内取暖

违反《电力建设安全工作规程　第 3 部分：变电站》（DL 5009.3—2013）4.5.9 条：冬季养护阶段，严禁作业人员进棚内取暖，进棚作业必须设专人棚外监护。

（二）主要安全控制措施

（1）指定专人操作搅拌机。搅拌机运转时，严禁作业人员将铁铲等工具伸入滚筒内。检修搅拌机时，应先确认已断电。

（2）用翻斗车运送混凝土，车就位和倒料时，要缓慢。不得搭乘人员和材料。

（3）浇筑混凝土前应检查模板及脚手架的牢固情况，作业人员必须穿戴好绝缘防护用品后再进行振捣作业。

（4）振捣作业时，严禁将振动器冲击或振动钢筋、模板及预埋件等，振动器搬动或暂停，必须切断电源。不得将运行中的振动器放在模板、脚手架或未凝固的混凝土上。

（5）在混凝土浇筑时，禁止集中布料，防止局部荷载过大，造成支撑结构变形坍塌。

（6）混凝土施工前，要有专人检查模板和支架有足够的强度、刚度和稳定性以满足方案要求。

（7）浇灌高度 2m 以上的框架梁、柱模混凝土应搭设操作平台，无安全防护设施的

应系挂安全带，不得站在模板或支撑上操作。

（8）浇筑框架、梁、柱、墙混凝土时，应架设脚手架或作业平台，不得站在梁或柱的模板、临时支撑上或脚手架护栏上操作。

（9）悬空泵的连接要有两人以上协调作业，动作要一致，作业架的脚手板应铺设严密，严防踩空坠落。

（10）混凝土振捣作业应两人配合作业，不得用电源线拖拉振捣器。

（11）冬季养护阶段，严禁作业人员进棚内取暖，进棚作业必须设专人棚外监护。

三、模板工程

（一）典型违章及违反条款

1. 在高处安装与拆除模板时，在模板、支撑上攀登，在高处独木或悬吊式模板上行走

违反《电力建设安全工作规程　第 3 部分：变电站》（DL 5009.3—2013）4.5.1 条：在高处安装与拆除模板应遵守高处作业的有关规定。工作人员应从扶梯上下，不得在模板、支撑上攀登。不得在高处独木或悬吊式模板上行走。

2. 模板支架立杆底部未加设满足要求的垫板（见图 21－14）

违反《电力建设安全工作规程　第 3 部分：变电站》（DL 5009.3—2013）4.5.2 条：模板支架立杆底部应加设满足支撑承载力要求的垫板，不得使用砖及脆性材料铺垫。

图 21－14　立杆底部垫板设置不规范

3. 支设框架梁模板时，在底模板上行走（见图 21－15）

违反《国家电网公司电力安全工作规程（电网建设部分）（试行）》6.4.2.1.9 条：支设框架梁模板时，不得站在柱模板上操作，并不得在底模板上行走。

4. 混凝土未达到设计强度，拆除模板

违反《电力建设安全工作规程　第 3 部分：变电站》（DL 5009.3—2013）4.5.3 条：模板拆除应等到混凝土达到设计强度后方可进行拆模。拆模前应清除模板上堆放的杂

物，在拆除区域划定并设警戒线，悬挂安全标志，设专人监护，非操作人员不得进入。

图 21－15　施工人员在底模上行走

5. 拆模作业顺序颠倒

违反《电力建设安全工作规程　第 3 部分：变电站》（DL 5009.3—2013）4.5.3 条：拆模作业应按后支先拆、先支后拆，先拆侧模、后拆底模，先拆非承重部分、后拆承重部分的原则逐一拆除。

6. 随手抛掷拆除的模板

违反《电力建设安全工作规程　第 3 部分：变电站》（DL 5009.3—2013）4.5.3 条：拆除的模板不得抛掷，应用绳索吊下或由滑槽、滑轨滑下。拆下的模板不得堆在脚手架或临时搭设的工作台上。

7. 未及时清理拆除的模板、朝天钉，未及时运到指定地点集中堆放（见图 21－16、图 21－17）

违反《电力建设安全工作规程　第 3 部分：变电站》（DL 5009.3—2013）4.5.3 条：拆下的模板应及时清理，所有“朝天钉”均拔除或砸平，不得乱堆乱放。禁止大量堆放在坑口边，应运到指定地点集中堆放。

图 21－16　未运到指定地点集中堆放

图 21－17 未及时清理拆除的模板有“朝天钉”

（二）主要安全控制措施

（1）模板支撑脚手架搭设经验收合格并挂牌，配齐各类安全警告、提示标牌。

（2）建筑物框架施工时，模板运输时，施工人员应从安全通道上下，不得在模板、支撑上攀登。模板安装时，禁止作业人员在高处独木或悬吊式模板上行走。

（3）支设梁模板时，不得站在柱模板上操作，并严禁在梁的底模板上行走。

（4）支设柱模板时，其四周必须钉牢。操作时应搭设临时工作台或临时脚手架，搭设的临时脚手架应满足脚手架搭设的各项要求。

（5）模板安装验收合格后，在混凝土浇筑时禁止集中布料，避免局部荷载过大，造成支撑结构变形垮塌。

（6）采用钢管脚手架兼作模板支撑时必须经过技术人员的计算，每根立柱的荷载不得大于 20kN，立柱必须设水平拉杆及剪刀撑。

（7）恶劣天气后，必须对支撑架全面检查维护后方可安装模板。

（8）模板拆除前，应保证同条件试块试验满足强度要求。

（9）拆除模板时，严格执行施工方案规定的顺序。高处作业人员脚穿防滑鞋，并选择稳固的立足点，必须系牢安全带。高处拆模应划定警戒范围，设置安全警戒标志并设专人监护。

（10）拆除的模板和支撑杆件不得集中堆放在脚手架或临时工作台上，随时落地清运至指定地点堆放。

（11）拆除的模板扣件严禁抛扔，应用绳索吊下或由滑槽、滑轨滑下。

（12）作业期间，如遇有六级及以上大风或雷暴、冰雹、大雪等恶劣天气时，停止露天高处作业。

四、脚手架工程

（一）典型违章及违反条款

1. 非专业人员安装与拆除钢管脚手架

违反《电力建设安全工作规程 第 3 部分：变电站》（DL 5009.3—2013）4.4.2 条：钢管脚手架安装与拆除人员应是经考核合格的专业架子工，非专业人员不得搭、拆脚手架。

2. 脚手架安装与拆除作业区域未设围栏和安全标示牌，搭拆作业未设专人安全监护

违反《电力建设安全工作规程 第 3 部分：变电站》（DL 5009.3—2013）4.4.13 条：搭、拆脚手架时施工作业人员应戴安全帽、系安全带、穿防滑鞋，传递杆施工作业人员应密切配合。施工安全区域周围应设围栏和安全标志，并设专人安全监护，无关人员不得入内。

3. 钢管脚手架未设有防雷接地措施（见图 21－18）

违反《电力建设安全工作规程 第 3 部分：变电站》（DL 5009.3—2013）4.4.17 条：脚手架应有防雷接地措施。

图 21－18 脚手架未设置防雷接地措施

4. 脚手架未搭设在平整坚实的地基上，立杆未设置金属底座或木质垫板，或木质垫板厚度、宽度不符合规范要求（见图 21－19）

（1）违反《国家电网公司电力安全工作规程（电网建设部分）（试行）》6.3.3.1 条：脚手架地基应平整坚实，回填土地基应分层回填、夯实，脚手架立杆垫板或底座底面标高应高于自然地坪 50mm～100mm，确保立杆底部不积水。

（2）违反《国家电网公司电力安全工作规程（电网建设部分）（试行）》6.3.2.6 条：钢管立杆应设置金属底座或木质垫板，木质垫板厚度不小于 50mm、宽度不小于 200mm，且长度不少于 2 跨。

图 21－19　钢管立杆未设置金属底座或木质垫板，木质垫板厚度、宽度不符合要求

5. 脚手架未与主体工程进度同步搭设，一次搭设高度超过相邻连墙件两步以上

违反《国家电网公司电力安全工作规程（电网建设部分）（试行）》6.3.3.2 条：脚手架与主体工程进度同步搭设，一次搭设高度不应超过相邻连墙件两步以上。每层作业面做到同步防护。

6. 在脚手架上进行电、气焊作业时，未清除周围易燃物品，未配备消防器材，未设专人监护

违反《电力建设安全工作规程　第 3 部分：变电站》（DL 5009.3—2013）4.4.16 条：在脚手架上进行电、气焊作业时，应有防火措施并配备足够消防器材和专人监护。

7. 脚手架拆除过程中，从高处向下抛掷拆除的脚手架管材及构配件

违反《国家电网公司电力安全工作规程（电网建设部分）（试行）》6.3.5.4 条：连墙件应随脚手架逐层拆除，拆除的脚手架管材及构配件，不得抛掷。

8. 钢管脚手架非顶层立杆接长采用搭接

违反《电力建设安全工作规程　第 3 部分：变电站》（DL 5009.3—2013）4.4.19 条：立杆接长，顶层顶部可采用搭接，搭接长度不应小于 1m，应采用不少于两个旋转扣件固定。其余各层各步应采用对接扣件连接，两根相邻立杆的接头不应设置在同步内，同步内隔一根立杆的两个相隔接头在高度方向错开的距离不宜小于 500mm。

9. 脚手架搭设后未经验收合格即投入使用

违反《电力建设安全工作规程　第 3 部分：变电站》（DL 5009.3—2013）4.4.4 条：脚手架搭设后应经施工和使用部门验收合格后方可交付使用。使用中应定期进行检查和维护。

（二）主要安全控制措施

（1）钢管脚手架安装与拆除人员应为考核合格的专业架子工，脚手架搭设完毕后，经验收合格方可投入使用。使用中应定期进行检查和维护。非专业人员不得搭、拆脚手架。

（2）脚手架基础必须夯实硬化，基础横向向外要有排水坡度，并做到坚实平整、排水通畅。

（3）脚手架与主体工程进度同步搭设，一次搭设高度不应超过相邻连墙件两步以上。

每层作业面做到同步防护。

（4）垫板应设置为金属底座或木质垫板，木质垫板厚度不小于 50mm、宽度不小于 200mm，且长度不少于 3 跨。

（5）当脚手架基础下有设备基础、管沟时，在脚手架使用过程中不得开挖，否则必须采取加固措施。

（6）脚手架必须设置纵横向扫地杆。

（7）脚手架底层步距不得大于 2m，第二步起每步步距应为 1.8m。

（8）整个架体从立杆根部引设两处（对角）防雷接地装置。

（9）在脚手架搭设 2 步后，操作人员要先搭设好上层的大横杆作为挂安全带的固定点，高处作业必须系好安全带。当搭设到 3 步以上时，要设置抛撑。当搭设高度大于 4m 时，要和主体设刚性连接。当搭设到 4 至 5 步时，应开始设置剪刀撑。

（10）脚手架连墙件布置最大间距不得超过 3 步 3 跨，严禁使用仅有拉筋的柔性连墙件。

（11）脚手架第一层、顶层、作业层脚手板必须满铺，严禁出现探头板。

（12）支撑架搭设的间距、步距、扫地杆设置必须执行施工方案。

（13）脚手架拆除前，必须确认混凝土强度达到设计和规范要求，否则严禁拆除模板和支撑架。

（14）在脚手架上进行电焊、气焊作业时，应有防火措施并配备足够消防器材和专人监护。

（15）拆除脚手架时，必须设置安全围栏确定境界区域，挂好警示标志并制定监护人加强警戒。

（16）脚手架拆除必须按照“后支先拆，先支后拆”顺序进行，不得上下同时拆除，严禁将脚手架整体推到。

（17）六级以上大风或雷雨及霜雪天气等恶劣天气时停止拆除作业。

第三节 构支架施工

（一）、典型违章及违章条款

1. 现场钢构支架杆堆放高度超过三层，构支架杆段堆放未设支垫或支垫设置不规范（见图 21-20）

违反《电力建设安全工作规程　第 3 部分：变电站》（DL 5009.3—2013）4.8.1 条：钢构支架、水泥杆在现场堆放时，高度不得超过三层，堆放的地面应平整坚硬，杆段下面应多点支垫，两侧应掩牢。

2. 钢构支架在现场倒运时，装车后绑扎不牢固，有滚动、滑脱现象（见图 21-21）

违反《电力建设安全工作规程　第 3 部分：变电站》（DL 5009.3—2013）4.8.1 条：钢构支架、水泥杆在现场倒运时，宜采用起重机械装卸，装卸时应控制杆段方向；装车后应绑扎、楔牢，防止滚动、滑脱。不得采用直接滚动方法卸车。

图 21－20　构支架杆堆高超过三层

图 21－21　绑扎不牢固，有滚动、滑脱现象

3. 固定构架的临时拉线未使用钢丝绳，固定在同一个临时地锚上的拉线超过两根

违反《电力建设安全工作规程　第 3 部分：变电站》（DL 5009.3—2013）4.8.3 条：固定构架的临时拉线应满足下列要求：

（1）应使用钢丝绳，不得使用白棕绳等。

（2）绑扎工作应由技工担任。

（3）固定在同一个临时地锚上的拉线最多不超过两根。

4. 起吊横梁时，在吊点处未对吊带或钢丝绳采取防磨损措施，且在横梁两端未分别设置控制绳

违反《电力建设安全工作规程　第 3 部分：变电站》（DL 5009.3—2013）4.8.3 条：起吊横梁时，在吊点处应对吊带或钢丝绳采取防护措施，并应在横梁两端分别系控制绳，控制横梁方位。

5. 横梁就位时，构架上的施工作业人员站在节点顶上作业；横梁就位后，未及时固定

违反《电力建设安全工作规程 第3部分：变电站》（DL 5009.3—2013）4.8.3条：横梁就位时，构架上的施工作业人员不得站在节点顶上；横梁就位后，应及时固定。

6. 构支架组立完成后，未及时将构支架进行接地

违反《电力建设安全工作规程 第3部分：变电站》（DL 5009.3—2013）4.8.3条：在构支架组立完成后，应及时将构支架进行接地。接地网未形成的施工现场，应增设临时接地装置。

7. 格构式构架柱吊装作业未严格按照专项施工方案选择吊点

违反《国家电网公司电力安全工作规程（电网建设部分）（试行）》6.9.3.10条：格构式构架柱吊装作业应严格按照专项施工方案选择吊点，并对吊点位置进行检查。

（二）主要安全控制措施

（1）吊装过程中设专人指挥，吊臂及吊物下严禁站人或有人经过。

（2）架构吊点位置必须经过计算现场指定。临时拉线绑扎应靠近A型杆头，吊点绳和临时拉线必须由专业起重工绑扎并用卡扣紧固。

（3）构架标高、轴线调整完成，杆根部及临时拉线固定之后，再开始登杆作业，摘除吊钩。

（4）横梁吊点处要有对吊绳的防护措施，防止吊绳卡断。待横梁距就位点上方200mm～300mm稳定后，作业人员方可进入作业点。

（5）高处作业人员攀爬A型杆时，必须使用提前设置的垂直攀登自锁器；在横梁上行走时，必须使用提前设置的水平安全绳。在转移作业位置时不得失去保护。

（6）两台及以上起重机抬吊，吊点位置的确定必须按各台起重机允许起重量，经计算后按比例分配负荷。

（7）吊物离地面100mm左右，停机检查起吊受力情况，确认无误后，再继续匀速起吊。

（8）抬吊中，各台起重机吊钩与吊绳保持垂直，升降或行走必须同步。各台起重机承受的载荷不得超过各自允许额定起重量的80%。

（9）吊物在空中短时间停留时，操作和指挥人员禁止离开岗位。禁止起吊的重物在空中长时间停留。

（10）高处作业所用的工具和材料放在工具袋内或用绳索拴在牢固的构件上，较大的工具系有保险绳。上下传递物件使用绳索，不得抛掷。

（11）起重作业中，如遇有六级及以上大风或雷暴、冰雹、大雪等恶劣天气时，停止起重和露天高处作业。

第二十二章　变电站电气安装

第一节　电气一次设备安装

一、母线安装

（一）典型违章及违反条款

1. 架空线压接试件检测报告未经报审合格即开始安装

违反《电气装置安装工程母线装置施工及验收规范》（GB 50149—2010）3.5.7 条：耐张线夹压接前应对每种规格的导线取试件两件进行试压，并应在施压合格后再施工。

2. 架空软母线安装时，未正确使用高空作业平台车或利用吊车作为支撑点的高处作业平台（见图 22－1 和图 22－2）

（1）违反《电力建设安全工作规程　第 3 部分：变电站》（DL 5009.3—2013）3.3.1 条：高处作业应系好安全带，安全带的安全绳应挂在上方的牢固可靠处。高处作业人员应衣着轻便，衣袖、裤脚应扎紧，穿软底鞋。在作业过程中，高处作业人员应随时检查安全带是否拴牢，在转移作业位置时不得失去保护。高处作业应设安全监护人。

（2）违反《建筑机械使用安全技术规程》（JGJ 33—2012）4.1.15 条：起重机作业时，在臂长的水平投影范围内设置警戒线，并有监护措施；起重臂和重物下方严禁有人停留、工作或通过，禁止从人上方通过。严禁用起重机载运人员。

图 22－1　吊车直接吊人进行高空安装

图 22-2 利用吊车作为支撑点的高处作业平台使用不规范

（3）违反《建筑施工起重吊装安全技术规范》（JGJ 276—2012）3.0.21 条：严禁在吊起的构件上行走或站立，不得用起重机载运人员，不得在构件上堆放或悬挂零星物件。

（4）违反《国家电网公司电力安全工作规程（电网建设部分）（试行）》7.14.5.3 条：利用吊车作为支撑点的高处作业平台应经计算、验证，并编制使用安全管理规定及操作规程，经施工单位技术负责人批准后方可使用。

（5）违反《国家电网公司电力安全工作规程（电网建设部分）（试行）》7.14.5.4 条：利用吊车作为支撑点的高处作业平台使用时，操作人员除需具备驾驶操作合格证件外，还需要接受相关高处作业平台使用的技术交底并记录在案。

（6）违反《国家电网公司电力安全工作规程（电网建设部分）（试行）》7.14.5.5 条：在高处作业平台上的作业人员应使用安全带。

3. 架空软母线起吊前，螺栓未按要求紧固或调整、插销未按要求安装完整，存在脱落隐患

（1）违反《国家电网公司电力安全工作规程（电网建设部分）（试行）》7.11.1.11 条：在软母线上作业前应检查金具连接是否良好。

（2）违反《1000kV 母线装置施工工艺导则》（Q/GDW 197—2008）6.4.3 条：分裂导线压接结束后即可在现场按设计图纸将耐张绝缘子串、金具连接好；均压环等附件应安装牢固、无变形、位置正确；金具连接螺栓、防松帽、开口销使用正确，弹簧卡齐全，无损坏；绝缘子碗口朝向一致。

4. 架空软母线安装时，在导线下方、汽车起重机吊臂下方及旋转半径内、卷扬机受力钢丝绳内侧有人

（1）违反《起重机安全规程　第 1 部分：总则》（GB 6067.1—2010）17.2.5 条：吊运载荷时，不得从人员上方通过。

（2）违反《电力建设安全工作规程　第 2 部分：电力线路》（DL 5009.2—2013）7.3.1 条：牵引过程中，各转向滑车围成的区域内侧严禁有人。

（3）违反《国家电网公司电力安全工作规程（电网建设部分）（试行）》7.11.1.8 条：母线架设应统一指挥，在架线时导线下方不得有人站立或行走。

（二）主要安全控制措施

（1）导线盘应放置平稳。导线应由线盘的下方引出。严禁人员站在线盘的前面。当放到线盘的最后几圈时，应采取措施防止导线突然蹦出而伤人。

（2）导线下料采用型材切割机时，应确保操作手柄绝缘良好，严禁戴手套操作，应与切割断口保持安全距离。

（3）正式架线前，必须检查确认金具及绝缘子组串正确，金具连接螺栓、防松帽、开口销使用正确，弹簧卡齐全、无损坏。

（4）使用吊车挂线时，应严格执行 GB 6067《起重机安全规程》。严禁作业人员与架空软母线混装，严禁斜拉吊车臂，严禁超幅度吊装。

（5）整个安装过程中，导线下方及钢丝绳内侧严禁站人或通过。禁止人员跨越正在收紧的导线。

二、主变压器、高压电抗器安装

（一）典型违章及违反条款

1. 内检前未进行油箱内含氧量检测，或含氧量低于 18%即进入内检，无含氧量检测记录

（1）违反《工贸企业有限空间作业安全管理与监督暂行规定》（安监总局第 59 号令）第十二条：有限空间作业应当严格遵守“先通风、再检测、后作业”的原则。检测指标包括氧浓度、易燃易爆物质（可燃性气体、爆炸性粉尘）浓度、有毒有害气体浓度。检测应当符合相关国家标准或者行业标准的规定。

（2）违反《工贸企业有限空间作业安全管理与监督暂行规定》（安监总局第 59 号令）第十三条：检测人员进行检测时，应当记录检测的时间、地点、气体种类、浓度等信息。检测记录经检测人员签字后存档。

（3）违反《电力建设安全工作规程 第 3 部分：变电站》（DL 5009.3—2013）5.1.1 条：充氮变压器、电抗器未经充分排氮（其气体含氧密度未达到 18%及以上时），严禁施工作业人员入内。充氮变压器注油时，严禁任何人在排气孔处停留。

（4）违反《1000kV 电力变压器、油浸电抗器、互感器施工及验收规范》（GB 50835—2013）3.3.3 条：变压器、电抗器本体内部含氧量低于 18%时，检查人员严禁进入；在内检过程中必须向箱体内持续补充干燥空气，并必须保持内部含氧量不低于 18%。

2. 内检期间未设专人安全监护，内检人员未正确使用专用工作服和专用防护用品，带入油箱内的工具未拴绳、登记、清点

违反《电力建设安全工作规程 第 3 部分：变电站》（DL 5009.3—2013）5.1.1 条：进行变压器、电抗器内部工作时，通风和安全照明应良好，并设专人监护；工作人员应穿无纽扣、无口袋的工作服、耐油防滑靴等专用防护用品，带入的工具应拴绳、登记、清点，严防工具及杂物遗留在器身内。

3. 在主变压器、高压电抗器油箱顶面作业时，四周临边未设置安全防护措施，施工作业人员不使用安全带（见图 22－3）

（1）违反《电力建设安全工作规程　第 3 部分：变电站》（DL 5009.3—2013）3.3.1 条：②高处作业的平台、走道、斜道等应装设不低于 1.2m 高的护栏（0.5m～0.6m 处设腰杆）和 180mm 高的挡脚板，或设防护立网。⑦高处作业应系好安全带，安全带的安全绳应挂在上方的牢固可靠处。

（2）违反《国网交流部关于印发特高压变电工程提升施工安全防护技术措施的通知》（国家电网交流变电〔2016〕3 号）第十条：（变压器/高压电抗器箱顶作业安全防护）设备厂家应在变压器/高压电抗器顶部提供用于安装围栏的预留螺纹座，螺孔规格为 4×M24。电气施工单位应制作底部焊有钢板且带有防护绳挂点的防护杆，通过箱顶螺纹座予以固定，并通过防护杆拉防护绳或通过防护杆上的挂点固定安全绳，为施工人员箱顶作业提供安全防护。

图 22－3　变压器顶面临边未设置安全防护措施

图 22－4　储油罐未接地

4. 主变压器、高压电抗器在绝缘油处理过程中，外壳、铁芯、夹件及各侧绕组未可靠接地；储油罐、油处理设备未可靠接地（见图 22－4）

（1）违反《1000kV 电力变压器、油浸电抗器、互感器施工及验收规范》（GB 50835—2013）3.2.2 条：绝缘油现场过滤应符合下列规定：⑥储油罐应设置专用起吊挂环和专用接地连接点，并应在存放点与接地网可靠连接。

（2）违反《1000kV 电力变压器、油浸电抗器、互感器施工及验收规范》（GB 50835—2013）3.8.2 条：真空注油前，设备各接地点及连接管道必须可靠接地。

（3）违反《国家电网公司电力安全工作规程（电网建设部分）（试行）》7.2.4 条：油浸变压器、电抗器在放油和滤油过程中，外壳、铁芯、夹件及各侧绕组应可靠接地，储油罐和油处理设备应可靠接地，防止静电火花。

5. 绝缘油处理现场未配置足够的消防器材，附近存有火种或易燃易爆物品（见图 22－5）

违反《电力建设安全工作规程 第 3 部分：变电站》（DL 5009.3—2013）5.1.1 条：储油和油处理现场应配备足够、可靠的消防器材，应制定明确的消防责任制，场地应平整、清洁，10m 范围内不得有火种及易燃易爆物品。

图 22－5 油罐区下方铺设可燃物

（二）主要安全控制措施

（1）在油箱顶部作业时，四周临边处应设置水平安全绳或固定式安全围栏（油箱顶部有固定接口时）。

（2）高处作业人员应穿防滑鞋，必须通过自带爬梯上下变压器。应避免残油滴落到油箱顶部。

（3）吊装必须设专人指挥，应能全面观察到整个作业范围，包括套管起落点及吊装路径、吊车司机和司索人员的位置。

（4）吊装套管的吊具应使用厂家提供的套管专用吊具或使用合格的尼龙吊带，绑扎位置及绑扎方法应经厂家人员确认。

（5）套管及吊臂活动范围下方严禁站人。在套管到达就位点且稳定后，作业人员方可进入作业区域。

（6）大型套管采用两台起重机械抬吊时，应分别校核主吊和辅吊的吊装参数，特别防止辅吊在套管竖立过程中超幅度或超载荷。

（7）在套管法兰螺栓未完全紧固前，起重机械必须保持受力状态。

（8）高处摘除套管吊具或吊绳时，必须使用高空作业车。严禁攀爬套管或使用起重机械吊钩吊人。

三、GIS 设备安装

（一）典型违章及违反条款

1. GIS 充气设备封端盖开盖前，未确认内部压力已经全部释放（见图 22-6）

违反《国家电网公司电力安全工作规程（电网建设部分）（试行）》7.3.13 条：在打开充气设备密封盖作业前，应确认内部压力已经全部释放。

图 22-6 充气设备开盖前未确认内部压力已全部释放

2. GIS 单元临时支撑设置不牢固

违反《电力建设安全工作规程 第 3 部分：变电站》（DL 5009.3—2013）5.1.2 条：六氟化硫组合电器安装过程中的平衡调节装置应检查完好，临时支撑应牢固。

3. GIS 设备对接时，作业人员将手扶在母线筒法兰对接处（见图 22-7）

违反《国家电网公司输变电工程施工安全风险识别、评估及预控措施管理办法》（国网（基建/3）176—2019）：输变电工程风险库变电站 GIS 组合电器安装风险预控措施：

图 22-7 作业人员手扶在对接法兰处

对接过程，可使用撬杠做小距离的移动。采用导引棒使螺栓孔对位时，应特别注意，手不要扶在母线筒等设备的法兰对接处，避免将手挤伤。

4. GIS 移动厂房内行吊（电动葫芦桥式起重机）未进行特种设备检验和登记

（1）违反《特种设备安全监察条例》下列条款：

第十五条：特种设备出厂时，应当附有安全技术规范要求的设计文件、产品质量合格证明、安装及使用维修说明、监督检验证明等文件。

第二十四条：特种设备使用单位应当使用符合安全技术规范要求的特种设备。特种设备投入使用前，使用单位应当核对其是否附有本条例第十五条规定的相关文件。

第二十五条：特种设备在投入使用前或者投入使用后 30 日内，特种设备使用单位应当向直辖市或者设区的市的特种设备安全监督管理部门登记。登记标志应当置于或者附着于该特种设备的显著位置。

（2）违反《质检总局关于修订〈特种设备目录〉的公告》（2014 年第 114 号）：起重机械是指用于垂直升降或者垂直升降并水平移动重物的机电设备，其范围规定为额定起重量大于或者等于 0.5t 的升降机；额定起重量大于或者等于 3t（或额定起重力矩大于或者等于 40t • m 的塔式起重机，或生产率大于或者等于 300t/h 的装卸桥），且提升高度大于或者等于 2m 的起重机；层数大于或者等于 2 层的机械式停车设备。

（3）违反《特种设备使用管理规则》（TSG 08—2017）3.2.1 条：按台（套）办理使用登记的特种设备：锅炉、压力容器（气瓶除外）、电梯、起重机械、客运索道、大型游乐设施和场（厂）内专用机动车辆应当按台（套）向登记机关办理使用登记，车用气瓶以车为单位进行使用登记。

（4）违反《1000kV GIS 移动式车间管理规定（试行）》（交流变电〔2016〕66 号）第十七条：起重设备应经过地方质监部门验收并出具检验报告，并进行如下试运行：大车沿轨道在全程范围内往返一至三次，各机构运转平稳，制动器灵敏可靠，全程范围内无失稳现象，无啃轨现象，各限位开关能可靠工作。电动葫芦在全程范围内往返三次，吊钩起落三次，运转平稳，制动器灵敏可靠，各限位开关可靠工作。

5. SF_6 气瓶安全帽、防振圈不全，随意堆放（见图 22－8）

违反《电力建设安全工作规程　第 3 部分：变电站》（DL 5009.3—2013）5.1.2 条：六氟化硫气瓶的搬运和保管，应符合下列要求：

图 22－8　SF_6 气瓶安全帽、防振圈不全，随意堆放

1）六氟化硫气瓶的安全帽、防振圈应齐全，安全帽应拧紧；搬运时应轻装轻卸，不得抛掷、溜放。

2）气瓶应存放在防晒、防潮和通风良好的场所；不得靠近热源和油污的地方，水分和油污不应粘在阀门上。

3）六氟化硫气瓶不得与其他气瓶混放。

6. GIS 气室抽真空时，真空泵无保护措施，未装设电磁逆止阀

（1）违反《1000kV 高压电器（GIS、HGIS、隔离开关、避雷器）施工及验收规范》（GB 50836—2013）4.5.4 条：真空机组应有防止突然停止或因误操作而引起真空泵油倒灌的措施。

（2）违反《国家电网有限公司十八项电网重大反事故措施（2018 年修订版）》12.2.2.2 条：SF_6 开关设备进行抽真空处理时，应采用出口带有电磁阀的真空处理设备，在使用前应检查电磁阀，确保动作可靠，在真空处理结束后应检查抽真空管的滤芯是否存在油渍。禁止使用麦氏真空计。

7. GIS 充气时 SF_6 气瓶未采用减压阀降压，作业人员站在气瓶下风口，未戴手套和口罩（见图 22-9）

违反《电力建设安全工作规程　第 3 部分：变电站》（DL 5009.3—2013）5.1.2 条：六氟化硫气体回收、抽真空及充气作业应遵守下列规定：

1）对六氟化硫断路器、组合电器进行气体回收、抽真空及充气时，其容器及管道应干燥，施工作业人员应戴手套和口罩，并站在上风口。

3）从六氟化硫气瓶引出气体时，应使用减压阀降压。

图 22-9　作业人员站在气瓶下风口，未戴手套和口罩

8. 随意向大气中排放 SF_6 气体

（1）违反《电力建设安全工作规程　第 3 部分：变电站》（DL 5009.3—2013）5.1.2 条六氟化硫气体回收、抽真空及充气作业应遵守下列规定：设备内的六氟化硫气体不得向大气排放，应采取净化装置回收，经处理检测合格后方准再使用。

（2）违反《电力安全工作规程　变电部分》（Q/GDW 1799.1—2012）11.11 条：设备内的 SF_6 气体不准向大气排放，应采取净化装置回收，经处理检测合格后方准再使用。回收时作业人员应站在上风侧。设备抽真空后，用高纯度氮气冲洗 3 次[压力为 9.8×10^4Pa（1 个大气压）]。将清出的吸附剂、粉末等废物放入 20%氢氧化钠水溶液中浸泡 12h 后深埋。

（二）安全控制措施

（1）GIS 设备安装前应进行安全技术交底，人员分工明确，确定各环节工作组负责人、指挥人、监护人。

（2）GIS 设备吊装前必须了解吊物的重量，合理选择起重设备和工器具（如吊车、导链、钢丝吊绳、锦纶吊带、吊环等），不得超重操作；起吊前必须首先确认起重设备、工器具状态良好，检查合格。GIS 移动厂房内行吊投入使用前，应核对是否附有安全技术规范要求的设计文件、产品质量合格证明、安装及使用维修说明、监督检验证明等文件；投入使用前或者投入使用后 30 日内，应向特种设备安全监督管理部门登记，登记标志应当置于或者附着于行吊的显著位置。

（3）吊车应布置在平稳、坚实的地面上，严禁吊车在失稳的情况下起吊设备。起吊时应设专人指挥，指挥信号明确，严禁在吊物或吊臂下停留或行走。设备吊离地面 10cm 时，应停止起吊，经全面检查确认无问题后，方可继续起吊。

（4）高处作业人员应正确使用安全带，穿防滑软底鞋，正确使用防坠落安全用具。地面操作人员，应尽量避免在高处作业面的正下方停留或通过，也不得正在吊装的构件下停留或通过。

（5）GIS 安装时打开罐体封盖前应确认气体已回收，表压为零；进入罐体内作业前，应采取充分的通风换气措施，测量氧气浓度不低于 18%后方可进入。进入罐内作业时，必须在两人以上的情况下进行（至少一人作业、一人监控），监护人要时刻关注作业人员是否清醒，发现异常应立即将作业者置于外面通风环境中休息。

（6）取出六氟化硫断路器、组合电器中的吸附剂时，应使用防护手套、护目镜及防毒口罩、防毒面具（或正压式空气呼吸器）等个人防护用品。清出的吸附剂、金属粉末等废物应按照规定进行处理。

（7）GIS 设备对接时，指挥人员应指令明确，法兰对接时应采用导引棒缓慢进行。作业人员的手不要扶在母线筒等设备的法兰对接处，避免将手挤伤。安装过程中使用临时支撑的应支撑牢固。

（8）套管安装时，应使用厂家专用工装进行安装，吊装过程设专人指挥，严格遵守安全规程，并在厂家技术人员的指导下进行吊装。

（9）六氟化硫气瓶应存放在防晒、防潮和通风良好的场所，不得靠近热源和油污的地方，水分和油污不应粘在阀门上。六氟化硫气瓶不得与其他气瓶混放。搬运时应轻装轻卸，禁止抛掷、溜放。户外作业时，SF_6 气瓶在夏季应有防暴晒的措施。冬季施工时，SF_6 气瓶严禁用火烤。

（10）SF_6 开关设备进行抽真空处理时，应采用出口带有电磁阀的真空处理设备，设专用电源，在使用前应检查电磁阀，确保动作可靠。在真空处理结束后，应检查抽真空管的滤芯是否存在油渍。禁止使用麦氏真空计。

（11）GIS 设备充气时，SF_6 气体瓶必须有减压阀，作业人员必须站在气瓶的上风口，并戴手套和口罩，防止瓶嘴一旦漏气造成人员中毒。户内 GIS 充气时，作业人员应将窗门及排风设备打开。

（12）施工现场应准备气体回收装置，发现有漏气或气体检验不合格时，应立即进行回收，防止 SF_6 气体污染环境。

第二节 电气二次设备安装

（一）典型违章及违反条款

1. 盘、柜拆箱板未及时清理，有“朝天钉”（见图 22－10）

违反《国家电网公司电力安全工作规程（电网建设部分）（试行）》7.10.2 条：盘、柜在安装地点拆箱后，应立即将箱板等杂物清理干净，以免堵塞通道或钉子扎脚，并将盘、柜搬运至安装地点摆放或安装，防止受潮、雨淋。

图 22－10 拆箱板、电缆废料未及时清理

2. 盘、柜拆箱后，户外露天存放时未采取可靠的防雨防潮措施，或未及时搬运至室内存放

（1）违反《电气装置安装工程 盘、柜及二次回路接线施工及验收规范》（GB 50171—2012）3.0.3 条：盘、柜应存放在室内或能避雨、雪、风沙的干燥场所。对有特殊保管要求的装置性设备和电气元件，应按规定保管。

（2）违反《国家电网公司电力安全工作规程（电网建设部分）（试行）》7.10.2 条：盘、柜在安装地点拆箱后，应立即将箱板等杂物清理干净，以免堵塞通道或钉子扎脚；并将盘、柜搬运至安装地点摆放或安装，防止受潮、雨淋。

3. 盘、柜搬运时，未正确使用搬运工具，操作人员把手、脚置于安装缝隙中（见图 22－11）

违反《国家电网公司电力安全工作规程（电网建设部分）（试行）》7.10.3 条：盘、

柜就位要防止倾倒伤人和损坏设备，撬动就位时人力应足够，指挥应统一。狭窄处应防止挤伤。

图 22－11　滚杠垫设不平稳

4. 未按要求设置跨电缆沟的施工通道（见图 22－12）

违反《国家电网公司电力安全工作规程（电网建设部分）（试行）》3.2.3 条：现场道路跨越沟槽时应搭设牢固的便桥，经验收合格后方可使用。人行便桥的宽度不得小于 1m，手推车便桥的宽度不得小于 1.5m，汽车便桥的宽度不得小于 3.5m。便桥的两侧应设有可靠的栏杆，并设置安全警示标志。

图 22－12　跨电缆沟的施工通道设置不规范

5. 施工人员踩踏电缆

违反《电力建设安全工作规程　第 3 部分：变电站》（DL 5009.3—2013）5.3.1 条：电缆敷设时，不得在电缆或桥架、支架上攀吊或行走。

6. 施工人员站在电缆转弯处的内侧、电缆出口侧的正面进行电缆敷设

违反《电力建设安全工作规程　第 3 部分：变电站》（DL 5009.3—2013）5.3.1 条：⑨电缆通过孔洞、管子或楼板时，两侧应设专人监护。入口侧应防止电缆被卡或手被带

入孔内，出口侧的人员不得在正面引接。⑪敷设电缆时，拐弯处的施工作业人员应站在电缆外侧。

7. 在主控室、保护小室、蓄电池室内抽烟，安装蓄电池未对工器具进行绝缘处理（见图 22－13）

（1）违反《国家电网公司电力安全工作规程（电网建设部分）（试行）》7.9.3 条：蓄电池室应在设备安装前完善照明、通风和取暖设施。蓄电池安装过程及完成后室内禁止烟火。

（2）违反《国家电网公司电力安全工作规程（电力通信部分）（试行）》9.3.2 条：安装或拆除蓄电池连接铜排或线缆时，应使用经绝缘处理的工器具，严禁将蓄电池正负极短接。

图 22－13 拆装蓄电池线缆未对工器具进行绝缘处理

（二）安全控制措施

（1）盘、柜安装，应及时清理包装物，做到“工完、料净、场地清”，特别应注意包装箱板上的钉子朝下摆放。开箱后的盘、柜应及时运进室内，安装稳固。

（2）盘、柜搬运时，应正确使用叉车、手动搬运车、滚棍、撬棍等工机具，应保持搬运通道的宽度和平整度，应保持搬运人员和配合人员的安全距离，确保人身和设备安全。盘、柜搬运就位后应及时与基础和相邻盘、柜紧固连接，防止倾倒。

（3）电缆敷设前，电缆沟及电缆夹层内应清理干净，并应有足够的照明。

（4）线盘架设应选用与线盘相匹配的放线架，且架设平稳。放线人员应站在线盘的侧后方。当放到线盘上的最后几圈时，应采取措施防止电缆突然崩出。电缆敷设时，盘边缘距地面不得小于 100mm，电缆盘转动力量要均匀，速度要缓慢平稳。

（5）电缆敷设时，电缆沟盖板未完全封闭，应搭设便桥和护栏，经验收合格后方可

使用，并设置安全警示标志。临时打开的孔洞应设围栏或安全标志，完工后立即封闭。

第三节　二　次　调　试

（一）典型违章及违反条款

1. 调试仪器的电源接取不规范（如在二次系统的保护回路上接取试验电源）、仪器接地不规范（见图 22－14）

（1）违反《电力安全工作规程　发电厂和变电站电气部分》（DL 26860—2011）13.6 条：不应在二次系统的保护回路上接取试验电源。

（2）违反《国家电网公司电力安全工作规程（电网建设部分）》7.13.1.4 条：试验电源应按电源类别、相别、电压等级合理布置，并在明显位置设立安全标志。试验场所应有良好的接地线，试验台上及台前应根据要求铺设橡胶绝缘垫。

（3）违反《电力建设安全工作规程　第 3 部分：变电站》（DL 5009.3—2013）6.4.5 条：二次接线及调试所用的交直流电源，应由变电站值班人员指定接线位置，施工作业人员不得随意接取。

图 22－14　试验用设备未接地

2. 做电气传动或二次回路通电试验时，在远端未设专人监视或通信不畅

（1）违反《国家电网公司电力安全工作规程（电网建设部分）（试行）》7.13.4.5 条：做断路器、隔离开关、有载调压装置等主设备远方传动试验时，主设备处应设专人监视，并应有通信联络及相应应急措施。

（2）违反《电力安全工作规程　发电厂和变电站电气部分》（DL 26860—2011）13.7 条：二次回路通电或耐压试验前，应通知有关人员，检查回路上确无人工作后，方可加压。

3. 试验收尾工作不规范，遗留临时接地线、杂物、工具等在屏柜内

违反《电力安全工作规程　发电厂和变电站电气部分》（DL 26860—2011）13.9 条：试验工作结束后，应恢复同运行设备有关的接线，拆除临时接线，检查装置内无异物，

屏面信号及各种装置状态正常，各相关压板及切换开关位置恢复至工作许可时的状态。

（二）安全控制措施

（1）试验人员应具有试验专业知识，充分了解被试设备和所用试验设备、仪器的性能。试验设备应合格有效，不得使用有缺陷及有可能危及人身或设备安全的设备。

（2）二次调试应严格执行审定的施工方案、安全技术措施、施工作业票或工作票，不得擅自扩大施工范围，不得随意改变安全措施。通电试验过程中，试验和监护人员不得中途离开。

（3）二次调试前应仔细检查确认试验仪器和备试设备（系统）的状态，根据《继电保护和安全自动装置基本试验方法》（GB/T 7261—2016）第 4 节和第 5 节、《继电保护和电网安全自动装置检验规程》（DL/T 995—2006）第 5 节的规定进行逐项核实。

（4）在运行屏柜上进行二次调试时，应仔细确认带电部分与不带电部分，设置明显警示和有效隔离措施。工作结束时，应按运行要求进行全面检查和现场清理，随工验收。

第四节 高 压 试 验

一、典型违章及违反条款

1. 试验设备安放不稳固

违反《电力建设安全工作规程 第 3 部分：变电站》（DL 5009.3—2013）5.4.2 条：高压引线的接线应牢固并尽量缩短，采用专用的高压试验线。

2. 高压试验区域未设置围栏，未悬挂“止步，高压危险”的标志牌，人员监护不到位，非试验人员进入试验区域（见图 22－15）

违反《电力建设安全工作规程 第 3 部分：变电站》（DL 5009.3—2013）5.4.2 条：现场高压试验区域应装设遮栏，向外悬挂“止步，高压危险”的标志牌，加压前应通知现场人员离开高压试验区域。

图 22－15 高压试验区域监护不到位

3. 试验操作人员未佩戴绝缘手套，未穿绝缘鞋，未设置绝缘垫（见图 22－16）

违反《电力建设安全工作规程　第 3 部分：变电站》（DL 5009.3—2013）5.4.2 条：高压试验应有监护人监视操作。加压过程中，工作人员应精神集中，监护人传达口令应清晰准确，操作人员应复述应答。操作人员应穿绝缘靴或站在绝缘台上，并戴绝缘手套。

图 22－16　试验操作人员未与大地绝缘

4. 试验结束后，电容设备放电不充分

违反《电力建设安全工作规程　第 3 部分：变电站》（DL 5009.3—2013）5.4.2 条：试验后被试设备应充分放电。

二、安全控制措施

（1）高压引线的接线应可靠，并采用专用的高压试验线。

（2）加压前应通知所有人员离开高压试验区域，取得试验负责人许可后方可加压。

（3）现场高压试验区域应设置遮栏或围栏，向外悬挂“止步，高压危险！”的安全标志牌，并设专人看护；按照最高试验电压等级对应的各项安全距离进行管控。

（4）高压试验操作人员应穿绝缘靴或站在绝缘台（垫）上，并戴绝缘手套。

（5）遇有雷电、雨、雪、雹、雾和六级以上大风时应停止高压试验。

（6）主回路绝缘试验（包括老练、耐受、局放测量整个过程）期间，应开展红外成像测温和紫外成像检测。若发现试验回路出现异常的过热和放电或其他异常情况，应立即断开电源，并经充分放电、接地后方可检查。

（7）变更接线或试验结束后，首先断开试验电源、放电，并将升压设备的高压部分放电、短路接地。

第二十三章　变电站改、扩建施工

（一）典型违章及违反条款

1. 未执行经设备运维单位会审确认的隔离方案，或擅自跨越隔离围栏、移除物理或电气隔离措施（见图 23－1）

（1）违反《国家电网公司电力安全工作规程（电网建设部分）（试行）》以下条款：

8.1.1.2 条：开工前，施工单位应编制施工区域与运行部分的物理和电气隔离方案，并经设备运维单位会审确认。

8.1.2 条：无论高压设备是否带电，作业人员不得单独移开或越过遮栏进行作业；若有必要移开遮栏时，应有监护人在场，并符合规定的安全距离。

8.1.4 条：进入改、扩建工程运行区域的交通通道应设置安全标志。

（2）违反《电力建设安全工作规程　第 3 部分：变电站》（DL 5009.3—2013）6.1.2 条：进入改、扩建工程运行区域的交通通道应设置安全标志。

图 23－1　运行区域隔离围栏设置不规范

2. 未经设备运维单位许可，擅自从运行检修电源箱内接取施工电源、进入运行保护小室、打开运行屏柜等

违反《国家电网公司电力安全工作规程（电网建设部分）（试行）》8.1.1.3 条：当使用站内检修电源时，应经设备运维单位批准后在指定的动力箱内引出，不得随意变动。

3. 未按设备运维单位要求办理第一种工作票或第二种工作票，擅自作业；或擅自改变工作票所明确的安全措施、作业范围、作业内容等

违反《国家电网公司电力安全工作规程（电网建设部分）（试行）》8.1.3.1 条：工作票负责人和工作票签发人应经过设备运维单位或由设备运维单位确认的其他单位培训

合格，并报设备运维单位备案。

4. 在运行区域内竖直搬运梯子等长物、使用金属长梯

（1）违反《电力建设安全工作规程　第 3 部分：变电站》（DL 5009.3—2013）6.1.6 条：在带电设备区域内或临近带电母线处，不应使用金属梯子。

（2）违反《国家电网公司电力安全工作规程（电网建设部分）（试行）》以下条款：

7.11.1.1 条：测量母线档距时应有安全措施，在带电体周围禁止使用钢卷尺、夹有金属丝皮卷尺和线尺等进行测量作业，宜使用光学仪器进行测量。

8.1.5.1 条：在运行的变电站及高压配电室搬动梯子、线材等长物时，应放倒两人搬运，并应与带电部分保持安全距离。在运行的变电站手持非绝缘物件时不应超过本人的头顶，设备区内禁止撑伞。

8.1.5.2 条：在带电设备周围，禁止使用钢卷尺、皮卷尺和线尺（夹有金属丝者）进行测量作业，应使用相关绝缘量具或仪器进行测量。

8.1.5.3 条：在带电设备区域内或邻近带电母线处，禁止使用金属梯子。

5. 安全工器具已失效或已超过检测周期，未正确使用验电器等安全工器具（见图 23–2）

违反《电力建设安全工作安规　第 3 部分：变电站》（DL 5009.3—2013）6.3.2 条：验电与接地应由两人或两人以上进行，其中一人应为监护人。进行高压验电应戴绝缘手套、穿绝缘鞋。验电器的伸缩式绝缘棒长度应拉足，验电时手应握在手柄处，不得超过护环。

6. 现场塑料布、彩条布等漂浮物包扎不严、固定不牢（见图 23–3）

违反《国家电网公司电力安全工作规程（电网建设部分）（试行）》8.1.5.4 条：施工现场应随时固定或清除可能漂浮的物体。

图 23–2　验电人员未握在验电器护环以下进行验电操作

图 23–3　现场塑料布包扎得不严密，不牢固

7. 运行区域内吊车等大型施工机械未装设接地线（见图 23－4）

违反《国家电网公司电力安全工作规程（发电部分）》7.2.3.1 条：在带电设备区域内使用汽车吊、斗臂车时，车身应使用不小于 $16mm^2$的软铜线可靠接地。

图 23－4　主设备吊装使用的吊车未装设接地线

8. 停电设备、运行小室未正确悬挂安全标志牌（见图 23－5）

违反《电力建设安全工作规程　第 3 部分：变电站》（DL 5009.3—2013）6.3.3 条：在一经合闸即可送电到工作地点的断路器和隔离开关的操作把手、二次设备上均应悬挂“禁止合闸，有人工作！”的安全标志牌。在室内高压设备上或某一间隔内工作时，在工作地点两旁及对面的间隔上均应设围栏并挂“止步，高压危险！”的安全标志牌。

图 23－5　停电设备上未悬挂“禁止合闸，有人工作！”安全标志牌

违反《国家电网公司电力安全工作规程（电网建设部分）（试行）》以下条款：

8.3.3.3 条：在室外高压设备上作业时，应在作业地点的四周设围栏，其出入口要围至邻近道路旁边，并设有“从此进出！”的安全标志牌，作业地点四周围栏上悬挂适当数量的“止步，高压危险！”的安全标志牌，标志牌应朝向围栏里面。若室外的大部分设备停电，只有个别地点保留有带电设备，其他设备无触及带电导体的可能时，可以在带电设备四周装设全封闭围栏，围栏上悬挂适当数量的“止步，高压危险！”的安全标志牌，标志牌应朝向围栏外面。

8.3.3.4 条：在作业地点悬挂“在此工作！”的安全标志牌。

8.3.3.5 条：在室外构架上作业时，应设专人监护，在作业人员上下的梯子上，应悬挂“从此上下！”的安全标志牌。在邻近可能误登的构架上应悬挂“禁止攀登，高压危险！”的安全标志牌。

8.3.3.6 条：设置的围栏应醒目、牢固。禁止任意移动或拆除围栏、接地线、安全标志牌及其他安全防护设施。因作业原因需短时移动或拆除围栏或安全标志牌时，应征得工作许可人同意，并在作业负责人的监护下进行。完毕后应立即恢复。

9. 施工人员踩踏运行电缆

违反《国家电网公司电力安全工作规程（电网建设部分）（试行）》7.12.1.12 条：进入带电区域内敷设电缆时，应取得运维单位同意，办理工作票，设专人监护，采取安全措施，保持安全距离，防止误碰运行设备，不得踩踏运行电缆。

10. 在运行小室内进行二次盘柜安装、电缆敷设或二次回路接线时，带电部分无安全警示，带电部分与不带电部分无安全隔离措施或隔离措施不规范（见图 23-6）

违反《国家电网公司电力安全工作规程（电网建设部分）（试行）》7.12.1.14 条：运行屏内进行电缆施工时，应设专人监护，做好带电部分遮挡，核对完电缆芯线后应及时包扎好芯线金属部分，防止误碰带电部分，并及时清理现场。

图 23-6　带电屏柜未上锁且无带电警示

11. 在运行盘柜上进行二次调试，带电部分与运行部分的隔离措施不规范。工作结束后，未恢复同运行设备有关的接线，未拆除临时接线，未清理装置内（盘、柜内）异物，或未恢复各相关压板及切换开关位置（见图 23－7）

违反《电力安全工作规程 发电厂和变电站电气部分》（GB 26860—2011）13.9 条：试验工作结束后，应恢复同运行设备有关的接线，拆除临时接线，检查装置内无异物，屏面信号及各种装置状态正常，各相关压板及切换开关位置恢复至工作许可时的状态。

图 23－7 运行屏柜上的安全隔离措施不明显

12. 进行带电盘、柜作业时未穿绝缘鞋或站在绝缘垫上（见图 23－8）

违反《国家电网公司电力安全工作规程（电网建设部分）（试行）》8.4.3.2 条：安装盘上设备时应穿工作服、戴工作帽、穿绝缘鞋或站在绝缘垫上，使用绝缘工具，整个过程应有专人监护。

图 23－8 进行带电盘、柜作业时未穿绝缘鞋或未站在绝缘垫上

13. 运行屏柜内的电缆拆除及接入不符合安规要求

（1）违反《电力建设安全工作规程　第 3 部分：变电站》（DL 5009.3—2013）以下条款：

6.4.4 条：拆盘、柜内二次电缆时，作业人员应确定所拆电缆确实已退出运行，应用验电笔或万用表验电后进行作业。拆除的电缆端头应采取绝缘防护措施。

6.4.5 条：二次接线时，应先接新安装盘、柜侧的电缆，后接运行盘、柜侧的电缆。接线人员在盘、柜内工作时应避免触碰正在运行的电气元件。

（2）违反《国家电网公司电力安全工作规程（电网建设部分）（试行）》12.2.16 条：电缆穿入带电的盘柜前，电缆端头应做绝缘包扎处理，电缆穿入时盘上应有专人接引，严防电缆触及带电部位及运行设备。

（二）安全控制措施

（1）在运行区域内作业开工前，施工单位应编制施工区域与运行部分的物理和电气隔离方案，并经设备运维单位会审确认；应按要求填写第一种工作票或第二种工作票，不得擅自更改隔离方案和工作票中明确的各项安全措施。

（2）施工前认真开展安全技术交底，工作负责人根据设计图纸认真交代工作地点和工作内容，并落实到每一项具体工作，确保作业人员对作业内容、工作要求完全掌握；主控室或继保户内运行设备应用警戒带或红布幔围住，在工作地点保护屏柜上悬挂“在此工作”的标志牌，在相邻二次设备屏柜上悬挂“运行中”的标志牌；设置专用施工通道，确保与带电区域隔离，悬挂“从此进出”标志牌，规范作业人员的活动范围。

（3）装、拆接地线导体端均应使用绝缘棒和戴绝缘手套，人体不得碰触接地线或未接地的导线。带接地线拆设备接头时，应采取防止接地线脱落的措施。

（4）接线人员在盘、柜内的动作幅度要尽可能的小，避免碰撞正在运行的电气元件，同时将运行的端子排用绝缘胶带粘住，经用万用表校验所接端子无电后，在检修人员和技术人员的监护下进行接线；所有在运行屏柜内新敷设或拆除的电缆芯线做好绝缘保护措施，防止误碰屏内带电回路，导致直流失地及误跳闸。

（5）在运行区域和带电盘柜内敷设电缆时，应遵守相关运行安全要求。办理工作票，设专人监护，采取安全措施，保持安全距离。电缆穿入带电的盘柜前，电缆端头应做绝缘包扎处理，电缆穿入时盘上应有专人接引。在运行屏内进行电缆施工时，应设专人监护，做好带电部分遮挡，核对完电缆芯线后应及时包扎好芯线金属部分，施工完成后及时清理现场。

（6）在已运行或已装仪表的盘上补充开孔前应编制专项施工措施，开孔时应防止铁屑散落到其他设备及端子上；对邻近由于振动可引起误动的保护应申请临时退出运行。

（7）进行盘、柜上小母线施工时，作业人员应做好相邻盘柜上小母线的防护作业，新装盘的小母线在与运行盘上的小母线接通前，应有隔离措施。

（8）焊接作业时，电烙铁使用完毕后放在指定位置，以免烫伤正在运行的电缆，造成运行事故。

（9）全部工作结束后，应清扫、整理现场。工作负责人应先周密检查，待全部作业人员撤离工作地点后，再向运维人员交待工作情况，并与运维人员共同检查现场确认符合规定，办理工作票终结手续。

第二十四章　输电线路工程

第一节　基础施工

一、人工挖孔桩

（一）典型违章及违反条款

1. 人工挖孔桩孔内作业人员未按规定佩戴安全帽（见图 24－1），坑内作业人员超过两人，且未设置供作业人员上下基坑的安全通道（梯子，见图 24－2）

（1）违反《电力建设安全工作规程　第 2 部分：电力线路》（DL 5009.2—2013）3.1.13 条：进入施工区的人员应正确佩戴安全帽。

（2）违反《电力建设安全工作规程　第 2 部分：电力线路》（DL 5009.2—2013）5.5.2 条第 6 款的规定：井下作业不得超过 2 人，每次井下作业不得超过 2h。

（3）违反《输变电工程施工安全风险识别、评估及预控措施管理办法》（国网（基建/3）176—2019）风险编号 04030704（1）规定：孔深达到 2m 时，利用提升设备运土，桩孔内人员应戴安全帽，地面人员应系好安全带，规范设置供作业人员上下基坑的安全通道（梯子）。

图 24－1　基坑内施工人员未佩戴安全帽

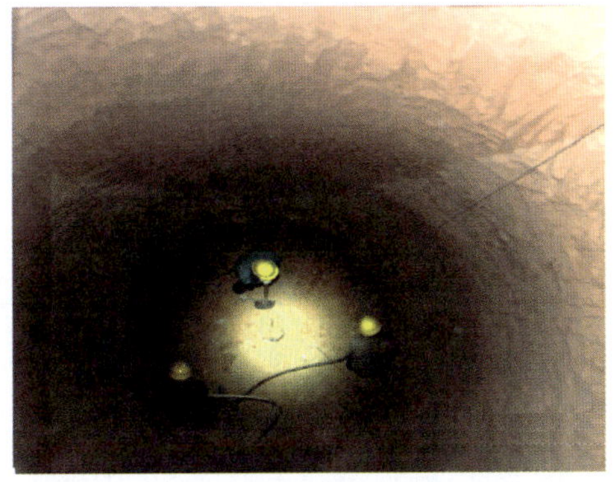

图 24－2　同一基坑内三人面对面同时作业

2. 人工挖孔桩孔口作业人员未按规定系挂安全带或安全绳，第一节护壁未高出地面（见图 24－3）

（1）违反《输变电工程安全文明施工标准化管理办法》（国网（基建/3）187—2019）第三十三条：特殊作业要求（二）进行上下交叉或多人在一处作业时，施工人员应采取有效的防高处落物、防人员坠落和防碰撞措施，并相互照应，密切配合。

（2）违反《国家电网公司电力安全工作规程（电网建设部分）（试行）》4.1.1 条：凡在距坠落高度基准面 2m 及以上有可能坠落的高度进行的作业均称为高处作业。4.1.5 条：高处作业人员应正确使用安全带，宜使用全方位防冲击安全带。

（3）违反《国家电网公司电力安全工作规程（电网建设部分）（试行）》6.5.3.8 条：根据土质情况采取相应护壁措施防止塌方，第一节护壁应高于地面 150mm～300mm，壁厚比下面护壁厚度增加 100mm～150mm，便于挡土、挡水。

图 24－3 坑口作业人员未佩戴安全带等防坠落措施、挖孔桩第一节护壁低于地面

3. 孔口无安全防护措施，未设置孔洞盖板或安全围栏、安全标志牌（见图 24－4）

（1）违反《国家电网公司电力安全工作规程（电网建设部分）（试行）》6.5.3.2 条：下班时，应盖好孔口或设置安全防护围栏。

（2）违反《输变电工程安全文明施工标准化管理办法》（国网（基建/3）187—2019）第十二条：安全隔离设施（二）高处作业面（包括直径大于 1m 的无盖板坑、洞）等有人员坠落危险的区域，安全围栏安装应稳定可靠，具有一定的抗冲击强度，并设置“当心坑洞”类安全警告标牌。

（3）违反《输变电工程安全文明施工标准化管理办法》（国网（基建/3）187—2019）第十三条：孔洞防护设施（一）施工现场（包括办公区、生活区）能造成人员伤害或物品坠落的孔洞应采用孔洞盖板或安全围栏实施有效防护。

4. 人工挖孔桩孔内出现地下水仍进行施工作业（见图 24－5）

违反《国家电网公司电力安全工作规程（电网建设部分）（试行）》6.5.3.6 条：与设计地质出现差异时应停止挖孔，查明原因并采取措施后再进行作业。

图 24－4 挖孔桩基础孔口未设置安全防护措施

图 24－5 挖孔桩基坑内出现地下水仍进行施工作业

5. 吊运土满装，使用的提土设备未设置自动卡紧保险装置（见图 24－6）

（1）违反《国家电网公司电力安全工作规程（电网建设部分）（试行）》6.5.3.10 条：提土斗应为软布袋或竹篮等轻型工具，吊运土不得满装。

（2）违反《电力建设安全工作规程 第 2 部分：电力线路》（DL 5009.2—2013）5.5.2 条：第 1 款提土机构应有防倒转装置；第 3 款，提土斗应为软布袋或竹篮等轻型工具，绞架刹车装置应可靠。

6. 现场未配置气体检测仪和呼吸设备，每日开工前未对坑内进行气体监测或未形成检测记录

违反《国家电网公司电力安全工作规程（电网建设部分）（试行）》6.5.3.1 条：每日开工下孔前应检测孔内空气。

7. 人工挖孔桩坑下作业未设置安全防护笼及照明（见图 24－7）

（1）违反《输变电工程施工安全风险识别、评估及预控措施管理办法》（国网（基建/3）176—2019）风险编号 04030703（1）规定：人工挖扩桩孔不采用混凝土护壁时，必须使用工具式的安全防护笼进行施工。

图 24－6 提土装置未设置自动卡紧保险装置

图 24－7 人工挖孔桩孔内未设置防护笼和照明

（2）违反《输变电工程施工安全风险识别、评估及预控措施管理办法》（国网（基建/3）176—2019）风险编号 04030705（2）的规定：桩深大于 5m 时，宜用风机或风扇向孔内送风不少于 5min，排除孔内浑浊空气。桩深大于 10m 时，井底应设照明。

8. 在扩孔范围内的地面上不得堆积土方，坑口浮石、渣土未清理（见图 24－8）

（1）违反《电力建设安全工作规程　第 2 部分：电力线路》（DL 5009.2—2013）5.5.2 条第 2 款的规定：挖出的土石料应及时运离孔口，不得堆放在孔口四周 1m 范围内，堆土高度不应超过 1.5m。

（2）违反《输变电工程施工安全风险识别、评估及预控措施管理办法》（国网（基建/3）176—2019）风险编号 04030706（13）的规定：在扩孔范围内的地面上不得堆积土方。

9. 现场孔深超过 10m 未配备专用风机（见图 24－9）

违反《电力建设安全工作规程　第 2 部分：电力线路》（DL 5009.2—2013）5.5.2 条第 5 款的规定：当孔深超过 10m 时或孔内有沼气等有害气体时，应对孔内进行送风补氧。每天应先对孔内送风 10min 以上，人员方能下井作业。

图 24－8　坑口渣土碎石未及时清理

图 24－9　现场未见到风机向孔内送风

图 24－10　钢丝绳绳卡设置错误，绳卡数量不足

10. 提土装置钢丝绳卡正反交叉设置，且钢丝绳端部固定用绳卡数量过少（见图 24－10）

违反《国家电网公司电力安全工作规程（电网建设部分）（试行）》5.3.1.3.4：钢丝绳端部用绳卡固定连接时，绳卡压板应在钢丝绳主要受力的一边，并不得正反交叉设置。绳卡间距不应小于钢丝绳直径的 6 倍，钢丝绳直径为 6mm～16mm 时，钢丝绳端部固定用绳夹的数量不应少于 3 个。

（二）人工挖孔桩作业主要安全控制措施

（1）人工挖孔桩施工应编制专项施工方案，对开挖深度 15m 及以上的人工挖孔桩工程的专项施工方案，需经施工企业技术负责人、项目总监理工程师审核。施工企业还应按国家有关规定组织专家进行论证、审查，并根据论证报告修改完善专项施工方案，并经业主项目经理审批后由施工单位指定专人现场监督实施。

（2）吊运土不要满装，使用的电动葫芦、吊笼等应安全可靠并配有自动卡紧保险装置。电动葫芦用按钮式开关，使用前必须检验其安全起吊能力。

（3）孔深超过 5m 时，用风机或风扇向孔内送风不少于 5min。坑深超过 10m 时，用专用风机向孔下送风，风量不得少于 25L/s。

（4）每日开工下孔前应检测孔内空气。当存在有毒、有害气体时应先排除，禁止在孔内使用燃油动力机械设备。

（5）孔下作业不得超过两人，每次不得超过 2h。下班时，应盖好孔口或设置安全防护围栏。

（6）在孔内上下递送工具物品时，不得抛掷。应采取措施防止物件落入孔内，人员上下必须使用软梯。

（7）在扩孔范围内的地面上不得堆积土方。

（8）坑深大于 10m 时，井底应设照明，且照明必须采用 12V 以下电源、带罩防水安全灯具。孔内电缆必须有防磨损、防潮、防断等保护措施。

（9）操作时上下人员轮换作业，坑上人员密切观察坑内下人员的情况，互相呼应，不得擅离岗位。发现异常立即协助孔内人员撤离，并及时上报。

（10）将坑深挖至设计深度，清除虚土，检查土质情况，坑底支承在设计所规定的持力层上。与设计地质出现差异时应停止挖孔，查明原因并采取措施后再进行作业。开挖桩孔应逐层进行，每层高度应严格按设计要求施工，不得超挖。每节筒深的土方应当日挖完。

（11）人工挖扩孔（含清孔、验孔）时，凡下孔作业人员均需戴安全帽，腰系安全绳，严禁沿孔壁或乘运土设施上下。

（12）挖扩底坑应先将扩底部位坑身的圆柱体挖好，再按设计扩底部位的尺寸、形状自上而下削土。坑模成型后，及时浇灌混凝土，否则采取防止土体塌落的措施。

（13）根据土质情况采取相应护壁措施以防止塌方，第一节护壁应高于地面 150mm～300mm，壁厚比下面护壁厚度增加 100mm～150mm，便于挡土、挡水。

（14）吊运土方时孔内人员应靠孔壁站立。

（15）提土斗应为软布袋或竹篮等轻型工具，吊运土不得满装，防止提升掉落伤人。

（16）挖出的土石方应及时运离孔口，不得堆放在孔口四周 1m 范围内，堆土高度不应超过 1.5m。机动车辆的通行不得对井壁的安全造成影响。

（17）挖孔完成后，应当天验收，并及时将桩身钢筋笼就位和浇注混凝土。暂停施工的孔口应设通透的临时网盖。坑深超过 15m 时，坑底作业建议设置应急逃生笼，配备呼吸器、水等必要防护用品，以便在出现塌方等危及情况时，确保坑底人员安全。作业区域设置坑洞盖板或硬质围栏、安全标志牌，并设专人监护，必要时夜间应设置警示红灯。

二、爆破作业

（一）典型违章及违反条款

1. 爆破施工未编制专项施工方案，对现场环境和周边设施不清楚、不掌握，未采取保护措施

违反《土方与爆破工程施工及验收规范》（GB 50201—2012）3.0.3 条：施工单位应结合工程实际情况，在土方与爆破工程施工前编制专项施工方案。

2. 基坑爆破施工时，未划定安全警戒范围，未设立警戒岗哨和警示标志

（1）违反《爆破安全规程》（GB 6722—2014）6.7.1.2 条：爆破警戒范围由设计确定；在危险区边界，应设有明显标识，并派出岗哨。

（2）违反《输变电工程施工安全风险识别、评估及预控措施管理办法》（国网（基建/3）176—2019）风险编号 02080106 项第（4）条规定：爆破前在路口派人安全警戒。爆破点距民房较近的，爆破前通知民房内人员撤离爆破危险区。

3. 爆破施工企业不符合要求，爆破作业人员未做到持证上岗（见图 24－11）

（1）违反《爆破安全规程》（GB 6722—2014）：3.2 条：持有爆破作业单位许可证从事爆破作业的单位，营业性爆破企业单位是指具有独立法人资格，承接爆破作业项目设计施工、安全评估、安全监理的单位。

（2）违反《爆破安全规程》（GB 6722—2014）：3.3 条：爆破工程技术人员是指具有爆破专业知识和实践经验并通过考核，获得从事爆破工作资格证书的技术人员。

（3）违反《爆破安全规程》（GB 6722—2014）：3.4 条：爆破作业人员是指从事爆破作业的工程技术人员、爆破员、安全员和保管员。

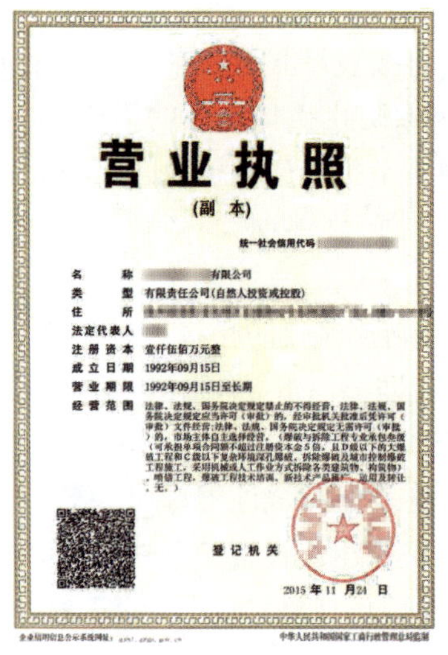

营业执照
（副本）
统一社会信用代码
名称 有限公司
类型 有限责任公司（自然人投资或控股）
住所
法定代表人
注册资本 壹仟伍佰万元整
成立日期 1992年09月15日
营业期限 1992年09月15日至长期
经营范围
登记机关
2015年11月24日

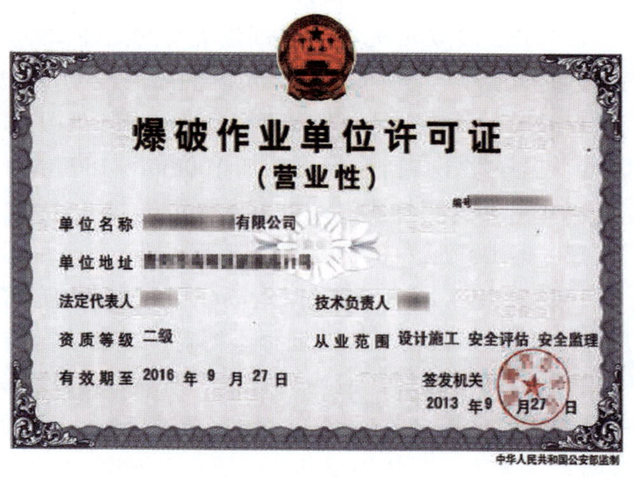

爆破作业单位许可证
（营业性）
编号
单位名称 有限公司
单位地址
法定代表人 技术负责人
资质等级 二级 从业范围 设计施工 安全评估 安全监理
有效期至 2016 年 9 月 27 日
签发机关
2013 年 9 月 27 日
中华人民共和国公安部监制

图 24－11 爆破企业资质证书

4. 实施爆破后未进行安全检查，交接环节对哑炮及其他险情不确定

（1）违反《爆破安全规程》（GB 6722—2014）6.8.1.1 条：露天深孔爆破，爆后应超过 15min 方准检查人员进入爆区。

（2）违反《爆破安全规程》（GB 6722—2014）6.8.1.2 条：露天爆破经检查确认爆破点安全后，经当班爆破班长同意，方准许作业人员进入爆区。

5. 地下爆破作业点有害气体的浓度，不应超过表 24－1 相关标准

表 24－1　　地下爆破作业点有害气体允许浓度

有害气体名称		CO	N_nO_m	SO_2	H_2S	NH_3	R_n
允许浓度	按体积（%）	0.002 40	0.000 25	0.000 50	0.000 66	0.004 00	$3700Bq/m^3$
	按质量（$mg \cdot m^{-3}$）	30	5	15	10	30	

（二）爆破作业主要安全控制措施

（1）需要爆破时，选择具有相关资质的民爆公司实施，签订专业分包合同和安全协议，并报监理、业主审批，公安部门备案。在国家批准的允许经营范围内施工。专项施工方案由民爆公司编制，施工项目部审核，并报监理、业主审批。

（2）民爆公司作业人员必须持证上岗，爆破器材符合国家标准，满足现场安全技术要求。

（3）导火索使用前做燃速试验。使用时其长度必须保证操作人员能撤至安全区，不得少于 1.2m。

（4）爆破前在路口派人安全警戒。爆破点距民房较近的，爆破前通知民房内人员撤离爆破危险区。

（5）使用电雷管要在切断电源 5min 后进行现场检查。处理哑炮时严禁从炮孔内掏取炸药和雷管，重新打孔时新孔应与原孔平行，新孔距哑炮孔不得小于 0.3m，距药壶边缘不得小于 0.5m。

（6）切割导爆索、导火索用锋利小刀，严禁用剪刀或钢丝钳剪夹。严禁切割接上雷管的导爆索。

（7）无盲炮时，必须从最后一响算起经 5min 后方可进入爆破区，有盲炮或炮数不清时，使用火雷管的应在 30min 后可进入现场处理。

（8）在民房、电力线附近爆破施工时采松动爆破或压缩爆破，炮眼上压盖掩护物，并有减少震动波扩散的措施。

（9）当天剩余的爆破器材必须点清数量，及时退库。炸药和雷管必须分库存放，雷管应在内有防震软垫的专用箱内存放。

（10）坑内点炮时坑上设专人安全监护，坑深超过 1.5m 以上时坑内应备梯子，保证点炮人员上下坑的安全。

（11）划定爆破警戒区，警戒区内不得携带火源。普通雷管起爆时不得携带手机等通信设备。

（12）钻孔时持钻人员戴防护手套和防尘面（口）罩、防护眼镜。手不得离开钻把上的风门，更换钻头关闭风门。

（13）人工打孔时扶锤人员戴防护手套和防尘罩采取手臂保护措施，打锤人员和扶锤人员密切配合。打锤人不得戴手套，并站在扶钎人的侧面。

（14）规范设置弃土提升装置，并配备防倒转装置。不得在扩孔范围内的地面上堆积土方，土石滚落下方不得有人，下坡方向需设置挡土措施。

（15）配备良好通风设备。

（16）底盘扩底及基坑清理时遵守岩石基础的有关安全要求。

（17）坑模成型后，及时浇灌混凝土，否则采取防止土体塌落的措施。

三、深基坑开挖

（一）典型违章及违反条款

1. 深度超过 2m 的基坑无临边防护措施的、临边及其他防护不符合要求，作业区域未设置硬质围栏，安全警示标志未设置或设置不规范（见图 24－12～图 24－14）

违反《国家电网公司电力安全工作规程（电网建设部分）（试行）》6.1.1.4 条：挖掘施工区域应设围栏及安全标志牌，夜间应挂警示灯，围栏离坑边不得小于 0.8m。夜间进行土石方作业应设置足够的照明，并设专人监护。

图 24－12 基坑无临边措施

图 24－13 基坑围栏距离不足 0.8m

图 24－14 基坑无护栏警示标志

2. 临边防护距离不足。积土、料具堆放距槽边距离小于设计规定、机械设备施工与槽边距离不符合要求（见图 24－15）

违反《国家电网公司电力安全工作规程（电网建设部分）（试行）》6.1.1.7 条：堆土应距坑边 1m 以外，高度不得超过 1.5m。

3. 作业人员上下基坑用的斜栈桥无护栏或护绳（见图 24－16）

违反《电力建设安全工作规程　第 2 部分：电力线路》（DL 5009.2—2013）3.2.1 条的一般规定：施工便道应保持畅通、安全、可靠，遇悬崖险坡应设置安全可靠的临时围栏。

图 24－15　料具堆放距离和高度不规范，围栏距离过近

图 24－16　基坑便道安全可靠性差

4. 基坑开挖未按要求放坡

违反《国家电网公司电力安全工作规程（电网建设部分）（试行）》6.1.1.9 条：开挖边坡值应满足设计要求。无设计要求时应满足表 10 的规定。

表 10　　各类土质的坡度

土质类别		坡度（深:宽）
砂土		1:1.25～1:1.50
一般性黏土	硬	1:0.75～1:1.00
	硬、塑	1:1.00～1:1.25
	软	1:1.50 或更缓
碎石类土	充填坚硬、硬塑黏性土	1:0.50～1:1.00
	充填砂土	1:1.00～1:1.50

注　如采用降水或其他加固措施，可不受本表限制，但应计算复核。

5. 坑口浮土未清理，基坑深度达到 2m 时，未使用取土器械取土，提土吊斗装土过满

违反《国家电网公司电力安全工作规程（电网建设部分）（试行）》6.1.4.1 条：人

工开挖基坑，应先清除坑口浮土，向坑外抛扔土石时，应防止土石回落伤人。当基坑深度达 2m 时，宜用取土器械取土，不得用锹直接向坑外抛扔土。取土机械不得与坑壁刮擦。

6. 施工前上山坡浮动土石未清理，开挖时土石滚落容易伤人

违反《国家电网公司电力安全工作规程（电网建设部分）（试行）》6.1.4.4 条：（b）施工前应先清除山坡上方浮土、石；土石滚落下方不得有人，并设专人监护。

7. 基坑开挖时未有效支护

违反《国家电网公司电力安全工作规程（电网建设部分）（试行）》6.1.3.3 条：支撑结构的施工应先撑后挖，更换支撑应先装后拆。基坑挖土时不得碰动支撑。

8. 基坑施工未采取有效排水措施（见图 24－17）

图 24－17　基坑排水措施不完善

（1）违反《国家电网公司电力安全工作规程（电网建设部分）（试行）》6.1.2.2 条：基坑内外应设集水坑和排水沟，集水坑应每隔一定距离设置，排水沟应有一定坡度。

（2）违反《国家电网公司电力安全工作规程（电网建设部分）（试行）》6.1.2.3 条：基坑边坡应进行防护，防止雨水侵蚀。

（二）深基坑开挖作业主要安全控制措施

（1）施工方案针对性强，能指导施工，按设计要求采取基坑支护。

（2）深度超过 2m 的基坑应有临边防护，基坑临边防护完善。

（3）安全边坡和支护满足现场要求。

（4）基坑设置有效的排水和降水措施，防止临近建构筑物沉降的措施完善。

（5）积土、料具、机械与基坑保持安全距离。

（6）人员通道设置完善，安全防护配备齐全。

（7）施工机械作业半径内不得站人。

（8）施工机械位置坚牢。

（9）有专人负责对基坑支护变形或透水先兆进行监测。

（10）垂直作业应有安全隔离防护措施，坑内人员应有安全立足点。

（11）夜间警示标志齐全，工作正常，坑内有足够照明。

四、模板支护与混凝土浇筑

（一）典型违章及违反条款

1. 大开挖基础施工现场模板下基坑时未使用工具传递，现场模板支撑不对称

违反《电力建设安全工作规程　第 2 部分：电力线路》（DL 5009.2—2013）以下条款：5.4.3 条：模板应使用绳索和木杠滑入坑内；

5.4.5 条：模板支撑应牢固，并应对称布置。高出坑口的加高立柱模板应有防止倾覆的措施。

2. 模板支架的立杆底部无垫板或用砖铺垫

违反《国家电网公司电力安全工作规程（电网建设部分）（试行）》6.4.2.1.5 条：模板支架立杆底部应加设满足支撑承载力要求的垫板，不得使用砖及脆性材料铺垫。

3. 模板木杆支撑联结头多于 2 个

违反《国家电网公司电力安全工作规程（电网建设部分）（试行）》6.4.2.1.4 条：木杆支撑宜选用长料，同一柱的联结接头不宜超过 2 个。立柱不得使用腐朽、扭裂、劈裂的木材、竹材。

4. 模板支撑杆锈蚀变形

违反《国家电网公司电力安全工作规程（电网建设部分）（试行）》6.4.2.1.3 条：模板支撑杆件的材质应能满足杆件的抗压、抗弯强度。支撑高度超过 4m 时，应采用钢支撑，不得使用锈蚀严重、变形、断裂、脱焊、螺栓松动的钢支撑。

5. 脚手架使用的钢管有变形或者裂纹，扣件有脆裂、变形、滑丝

违反《国家电网公司电力安全工作规程（电网建设部分）（试行）》6.3.2.1 条：脚手架钢管宜采用ϕ48.3mm×3.5mm 的钢管，横向水平杆最大长度不超过 2.2m，其他杆最大长度不超过 6.5m，禁止使用弯曲、压扁、有裂纹或者已严重锈蚀的钢管。

6. 作业人员在作业时未从扶梯上下

违反《国家电网公司电力安全工作规程（电网建设部分）（试行）》6.4.2.1.2 条：在高处安装与拆除模板时，作业人员应从扶梯上下，不得在模板、支撑上攀登，不得在高处独木或悬吊式模板上行走。

7. 脚手架搭设时施工人员抛掷材料及工器具

违反《国家电网公司电力安全工作规程（电网建设部分）（试行）》6.4.2.2.10 条：作业人员应佩戴工具袋，作业时将螺栓/螺帽、垫块、销卡、扣件等小物品放在工具袋内，后将工具袋吊下，不得抛掷。

8. 安装、拆除模板时，人员站在支撑上作业

违反《国家电网公司电力安全工作规程（电网建设部分）（试行）》6.4.2.1.2 条：在高处安装与拆除模板时，作业人员应从扶梯上下，不得在模板、支撑上攀登，不得在高处独木或悬吊式模板上行走。

9. 拆下的模板未及时清理，朝天钉未拔除或砸平

违反《国家电网公司电力安全工作规程（电网建设部分）（试行）》6.4.2.2.9 条：拆下的模板应及时清理，所有朝天钉均拔除或砸平，不得乱堆乱放，禁止大量堆放在坑口边，应运到指定地点集中堆放。

10. 拆除模板时未设置警戒线或无监护人看护，模板拆除前强度未达到规定就提前拆模，拆模未经过批准

违反《国家电网公司电力安全工作规程（电网建设部分）（试行）》6.4.2.2.1 条：模板拆除应在混凝土达到设计强度后方可进行。拆模前应清除模板上堆放的杂物，在拆除

区域划定并设警戒线，悬挂安全标志，设专人监护，非作业人员不得进入。

11. 混凝土浇捣时，振捣作业人员未穿绝缘靴、佩戴绝缘手套

违反《国家电网公司电力安全工作规程（电网建设部分）（试行）》6.4.4.2.5 条：振捣作业人员应穿好绝缘靴、戴好绝缘手套。搬动振动器或暂停作业应将振动器电源切断。不得将运行中的振动器放在模板、脚手架上。

12. 投料高度超过 2m 的基坑，混凝土浇筑过程未采用溜槽或串筒下料

违反《国家电网公司电力安全工作规程（电网建设部分）（试行）》6.4.4.2.4 条：投料高度超过 2m 时，应使用溜槽或串筒。串筒宜垂直放置，串筒之间连接牢固；串筒连接较长时，挂钩应予加固。不得攀登串筒进行清理。

13. 基坑口搭设卸料平台强度，稳定性不够

违反《国家电网公司电力安全工作规程（电网建设部分）（试行）》6.4.4.2.1 条：基坑口搭设卸料平台，平台平整牢固，应外低里高（5° 左右坡度）。

（二）模板支护与混凝土浇筑主要安全控制措施

（1）设计方案有针对性，荷载计算正确、考虑周全，进行倾覆和稳定计算。

（2）模板支架搭设规范，构造齐全。

（3）模板工作有施工方案且经过审批，根据混凝土输送方法制定针对性安全措施。现浇混凝土模板支撑有设计计算，支撑系统符合设计要求。

（4）按规定进行专家论证和审查。

（5）现场使用的钢管、扣件合格，按规定进行抽检。

（6）钢管维护保养到位，不存在锈蚀、变形、弯曲、开裂等明显隐患。

（7）支撑模板的立料合格，正确设置垫板，按要求设置纵横向支撑，立柱间距符合规定。

（8）模板载荷符合要求，堆料均匀，模板存放符合安全规定。

（9）混凝土浇筑时做好清场工作，严谨无关人员进入支撑系统下方。

（10）施工过程中加强安全巡查和模板变形监测。

（11）模板拆除前经过申请，模板经过验收程序，支拆模板经过安全技术交底，拆模前混凝土强度达到要求，有混凝土强度报告。

五、灌注桩基础施工

（一）典型违章及违反条款

1. 泥浆池、污水池、孔洞等缺少围挡和标识

违反《国家电网公司电力安全工作规程（电网建设部分）（试行）》6.5.1.1 条：作业场地应平整压实，软土地基地面应加垫路基箱或厚钢板，作业区域及泥浆池、污水池等应有明显标志或围栏。

2. 孔顶未埋设钢护筒，超负荷进钻

违反《电力建设安全工作规程 第 2 部分：电力线路》（DL 5009.2—2013）5.5.1 条第 4 款 2）和 3）的规定：孔顶应埋设钢护筒，其埋深应不小于 1m。不得超负荷

进钻。

（二）灌注桩基础施工主要安全控制措施

（1）护筒应按规定埋设，以防塌孔和机械设备倾倒。护筒有变形或断裂现象时，立即停止坑内作业，处理完毕后方可继续施工。

（2）桩机就位，井机的井架由专人负责支戗杆，打拉线，以保证井架的稳定。

（3）钻机支架必须牢固，对地质条件要注意观察钻机周围的土质变化。

（4）冲孔操作时，随时注意钻架安定平稳。钻机和冲击锤机运转时不得进行检修。

（5）泥浆池必须设围栏，将泥浆池、已浇注桩围栏好并挂上警示标志，防止人员掉入泥浆池中。

（6）停止作业或移桩架时，应将桩锤（钻头）放置最低点。不得悬吊桩锤（钻头）进行检修。作业完毕应将打桩机停放在坚实平整的地面上，制动并锲牢，桩锤落下，切断电源。

（7）配合钻机及附属设备作业的人员，应在钻机的回转半径以外作业。当在回转半径内作业时，应由专人协调指挥。

（8）应由专人收放进浆胶管。接钻杆时，应先停止电钻转动，后提升钻杆。

第二节 铁塔组立

一、地锚埋设

（一）典型违章及违反条款

1. 钢制锚体的加强筋或拉环等焊接缝有裂纹

违反《电力建设安全工作规程 第2部分：电力线路》（DL 5009.2—2013）3.4.31.2条：钢制锚体的加强筋或拉环等焊接缝有裂纹或变形时应重新焊接。

2. 坑式地锚开挖的坑深不够，锚体强度不满足连接绳索的受力要求

（1）违反《电力建设安全工作规程 第2部分：电力线路》（DL 5009.2—2013）3.4.31.1条：锚体强度应满足相连接绳索的受力要求。

（2）违反《输变电工程施工安全风险识别、评估及预控措施管理办法》（国网（基建/3）176—2019）风险编号04080402项的规定：受力地锚、铁桩牢固可靠，埋深符合施工方案要求，回填土层逐层夯实。

3. 坑式地锚绳套引出位置开挖的马道角度与临时拉线受力方向不一致（见图24－18）

违反《国家电网公司电力安全工作规程（电网建设部分）（试行）》9.1.6条：采用埋土地锚时，地锚绳套引出位置应开挖马道，马道与临时拉线受力方向应一致。

4. 用树木或外露岩石等承力大小不明物体作为地锚

违反《电力建设安全工作规程 第2部分：电力线路》（DL 5009.2—2013）6.1.12条：不得利用树木或外露岩石等承力大小不明物体作为主要受力钢丝绳的地锚。

5. 临时地锚埋设后未采取避免雨水浸泡的措施（见图 24－19）

（1）违反《国家电网公司电力安全工作规程（电网建设部分）（试行）》9.1.6 条：临时地锚应采取避免被雨水浸泡的措施。

（2）违反《输变电工程施工安全风险识别、评估及预控措施管理办法》（国网（基建/3）176—2019）风险编号 04080402 项的规定：各种锚桩回填时有防沉措施，并覆盖防雨布并设有排水沟。下雨后及时检查地锚埋设情况，如有土质下沉、流失等情况及时回填。

图 24－18 马道角度与临时拉线受力方向不一致、未设置排水沟

图 24－19 未设置排水沟

图 24－20 未悬挂地锚验收牌

6. 地锚未进行专人检查验收，未悬挂地锚验收牌（见图 24－20）

违反《电力建设安全工作规程 第 2 部分：电力线路》（DL 5009.2—2013）3.4.31.4 条：地锚埋设应设专人检查验收，回填土层应逐层夯实。

7. 桩式地锚的主桩上控制了一根以上拉绳

违反《国家电网公司电力安全工作规程（电网建设部分）（试行）》9.1.6 d）条：采用角铁桩或钢管桩时，一组桩的主桩上应控制一根拉绳。

（二）地锚埋设主要安全控制措施

（1）钢制锚体的加强筋或拉环等焊接缝有裂纹或变形时应重新焊接。

（2）临时地锚（含锚体和桩锚）的位置应按杆塔组立作业指导书要求设置。

（3）采用坑式地锚时，地锚绳套引出位置应开挖马道，马道与临时拉线受力方向应一致。

（4）地锚埋设应设专人检查验收，回填土层应逐层夯实。严禁利用树木或裸露的岩石作地锚的受力点。

（5）临时地锚应采取避免被雨水浸泡的措施。

（6）采用角铁桩或钢管桩时，一组桩的主桩上应控制一根拉绳。

（7）组塔应设置临时地锚（含地锚和桩锚），锚体强度应满足相连接的绳索的受力要求。

二、悬浮抱杆组立与提升

（一）典型违章及违反条款

1. 采用正装方式对接组立悬浮抱杆（见图 24－21）

违反《国家电网公司电力安全工作规程（电网建设部分）（试行）》9.7.8 条：抱杆长度超过 30m 以上一次无法整体起立时，多次对接组立应采取“倒装”方式，禁止采用正装方式对接组立悬浮抱杆。

2. 抱杆底部缺少防沉、防滑措施（见图 24－22）

违反《电力建设安全工作规程　第 2 部分：电力线路》（DL 5009.2—2013）6.4.6 条：抱杆支立在松软土质处时，其根部应有防沉措施。抱杆支立在坚硬或冰雪冻结的地面上时，其根部应有防滑措施。

图 24－21　正装方式组立悬浮抱杆

图 24－22　抱杆底部固定不牢固

3. 提升抱杆提升时未设置腰环（或腰环数量不足、腰环间距不够），抱杆未处于正直状态（见图 24－23）

违反《电力建设安全工作规程　第 2 部分：电力线路》（DL 5009.2—2013）6.7.4 条：提升抱杆宜设置两道腰环，且间距不得小于 5m，以保持抱杆的竖直状态。

4. 组塔作业前，未检查抱杆螺栓连接紧固情况

违反《电力建设安全工作规程　第 2 部分：电力线路》（DL 5009.2—2013）6.1.7 条：组立杆塔前应检查抱杆正直、焊接、铆固、连接螺栓紧固等情况，判定合格后再使用。

图 24－23 抱杆提升时未设置腰环

（二）悬浮抱杆组立与提升主要安全控制措施

（1）作业前校核抱杆系统布置情况。对抱杆、起重滑车、吊点钢丝绳、承托钢丝绳等主要受力工具进行详细检查，严禁以小带大或超负荷使用。检查金属抱杆的整体弯曲不超过杆长的 1/600。严禁抱杆违反方案超长使用。各拉线间夹角及对地角度要符合措施要求。

（2）抱杆组立宜使用整体起立的方式。当抱杆长度超过 30m 以上一次无法整体起立时，多次对接组立应采取“倒装”方式。

（3）抱杆支立在松软土质处时，其根部应有防沉措施。抱杆支立在坚硬或冰雪冻结的地面上时，其根部应有防滑措施。

（4）在抱杆起立过程中，根部看守人员根据抱杆根部位置和抱杆起立程度指挥制动人员回松制动绳。制动绳人员根据指令同步均匀回松，不得松落。

（5）承托绳的悬挂点应设置在有大水平材的塔架断面处，若无大水平材时应验算塔架强度，必要时应采取补强措施。承托绳应绑扎在主材节点的上方。承托绳与主材连接处宜设置专门夹具，夹具的握着力应满足承托绳的承载能力。承托绳与抱杆轴线间夹角不应大于 45°。

（6）抱杆提升前，将塔身的辅材装齐，并紧固螺栓，承托绳以下的塔身结构必须组装齐全，主要构件不得缺少。

（7）提升抱杆宜设置两道腰环，且间距不得小于 5m，以保持抱杆的竖直状态。提升抱杆过程中，四侧临时拉线应由拉线控制人员根据指挥人的命令适时调整。

三、悬浮抱杆组立铁塔

（一）典型违章及违反条款

1. 悬浮抱杆吊装时，抱杆垂偏角度超过 15° 且缺少相应的安全技术措施（见图 24－24）

违反《国家电网公司电力安全工作规程（电网建设部分）（试行）》9.6.1 条：抱杆倾斜角不宜超过 15°。

（1）违反《110kV～750kV 架空输电线路铁塔组立施工工艺导则》（DL/T 5342—2018）4.1.1 条：内悬浮外拉线抱杆适用于有条件设置落地外拉线的一般地形铁塔的吊装，吊装时抱杆宜适度向吊件侧倾斜，最大倾角不应超过抱杆许用工况最大倾角，宜为 0°～10°。

（2）违反《1000kV 架空输电线路铁塔组立施工工艺导则》（DL/T 5289—2013）4.4.4 条：塔身吊装时，抱杆应适度向吊件侧倾斜，但倾斜角度不宜超过 10°，以使抱杆及牵引系统的受力更为合理。当必须要超过 10° 时，应有相应技术措施。

2. 金属抱杆整体弯曲超标（见图 24－25），局部弯曲严重以及磕瘪变形、表面腐蚀、裂纹或脱焊（见图 24－26）。抱杆螺栓用普通螺栓替代

违反《国家电网公司电力安全工作规程（电网建设部分）（试行）》9.3.5 条：抱杆使用应遵守下列规定：

a）抱杆规格应根据荷载计算确定，不得超负荷使用。搬运、使用中不得抛掷和碰撞。

b）抱杆连接螺栓应按规定使用，不得以小代大。

c）金属抱杆整体弯曲超过杆长的 1/600，局部弯曲严重、磕瘪变形、表面腐蚀、裂纹或脱焊不得使用。

d）抱杆帽或承托环表面有裂纹、螺纹变形或螺栓缺少不得使用。

图 24－24　抱杆垂偏角度不合格

图 24－25　抱杆弯曲超标

3. 拉线设置不规范，拉线与地面的夹角大于 45°，且缺少相应的安全技术措施（见图 24－27）

（1）违反《110kV～750kV 架空输电线路铁塔组立施工工艺导则》（DL/T 5342—2018）4.27 条：抱杆外拉线与水平面夹角应满足抱杆强度和稳定要求，且不宜大于 45°。

图 24－26　抱杆出现磕瘪变形、表面腐蚀

图 24－27　拉线对地角度大于 45°

（2）违反《1000kV 架空输电线路铁塔组立施工工艺导则》（DL/T 5289—2013）4.2.2 条：抱杆拉线地锚应位于基础中心线夹角为 45° 的延长线上，离基础中心的距离应不小于塔高的 1.2 倍。当场地不能满足要求时，应验算各部受力并采取特殊的安全措施。

4. 铁塔组立用吊装带破损严重（见图 24－28）

违反《国家电网公司电力安全工作规程（电网建设部分）（试行）》5.3.1.5.2 条：合成纤维吊装带使用前应对吊带进行试验和检查，损坏严重者应做报废处理；合成纤维吊装带使用期间应经常检查吊装带是否有缺陷或损伤；如有任何影响使用的状况发生，所需标识已经丢失或不可辨识，应立即停止使用，送交有资质的部门进行检测。

5. 绞磨拉尾绳人员数量不满足安全工作规程要求（见图 24－29）

图 24－28 吊装带破损严重

图 24－29 绞磨拉尾绳人数少于 2 人

违反《电力建设安全工作规程 第 2 部分：电力线路》（DL 5009.2—2013）3.4.14 条第 2 款：拉磨尾绳不应少于 2 人，且应位于锚桩后面、绳圈外侧，不得站在绳圈内。

6. 使用的钢丝绳套插接长度过短，且钢丝绳表面锈蚀严重（见图 24－30）

（1）违反《国家电网公司电力安全工作规程（电网建设部分）（试行）》5.3.1.3.3 条：钢丝绳的钢丝磨损或腐蚀达到钢丝绳实际直径比其公称直径减少 7%或更多者，应予以报废或截除。

（2）违反《国家电网公司电力安全工作规程（电网建设部分）（试行）》5.3.1.3.5 条：插接的环绳或绳套，其插接长度应不小于钢丝绳直径的 15 倍，且不得小于 300mm。

（3）违反《国家电网公司电力安全工作规程（电网建设部分）（试行）》5.3.1.3.7 条：钢丝绳使用后应及时除去污物；每年浸油一次，并存放在通风干燥处。对出现润滑剂已发干或变质现象的局部绳段应特别注意保养。

7. 手板葫芦长时间受力未采取扳手绑扎在起重链上，且未采取保险措施（见图 24－31）

违反《电力建设安全工作规程 第 2 部分：电力线路》（DL 5009.2—2013）3.4.25 条：带负荷停留较长时间或过夜时，手板葫芦应采取手拉链或扳手绑扎在起重链上，并采取保险措施。

图 24－30　钢丝绳锈蚀严重

图 24－31　手板葫芦长时间受力链条未绑扎，未采取保险措施

8. 钢丝绳直接与塔材棱角相接触（见图 24－32）

违反《国家电网公司电力安全工作规程（电网建设部分）（试行）》5.3.1.3.6 条：在捆扎或吊运物件时，不得使钢丝绳直接和物体的棱角相接触。

9. 卸扣横向受力（见图 24－33）

违反《电力建设安全工作规程　第 2 部分：电力线路》（DL 5009.2—2013）3.4.24 条：卸扣不得横向受力。

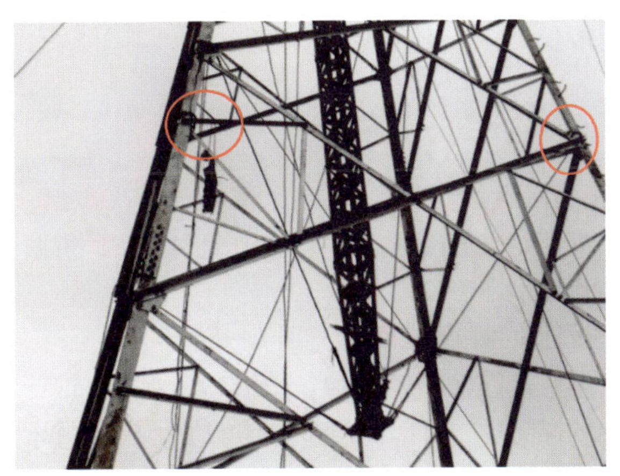
图 24－32　钢丝绳套未采取衬垫措施

图 24－33　卸扣横向受力

（二）悬浮抱杆组立铁塔主要安全控制措施

（1）抱杆使用应遵守下列规定：

1）抱杆规格应根据荷载计算确定，不得超负荷使用。搬运、使用中不得抛掷和碰撞。

2）抱杆连接螺栓应按规定使用，不得以小代大。

3）金属抱杆，整体弯曲超过杆长的 1/600，局部弯曲严重、磕瘪变形、表面腐蚀、裂纹或脱焊不得使用。

4）抱杆帽或承托环表面有裂纹、螺纹变形或螺栓缺少不得使用。

（2）抱杆吊装时宜适度向吊件侧倾斜，最大倾角不宜超过 10°。

（3）应通过锚固于铁塔 4 根主材上的承托绳承托固定抱杆底部，承托绳的悬挂点宜设置在有大水平材的塔架断面处。当无大水平材时应验算塔架强度，强度不够时应采取补强措施。两对侧承托绳间夹角不应大于 90°。

（4）抱杆外拉线地锚宜位于与基础中心线夹角为 45° 的延长线上，离基础中心的距离不应小于塔高的 1.2 倍。当场地不能满足要求时，应验算各部受力并应采取特殊的安全措施。抱杆顶部设置的外拉线应采用地锚固定，并应通过调节装置收紧或放松。

（5）起吊前，将所有可能影响就位安装的“活铁”固定好。吊件在起吊过程中，下控制绳应随吊件的上升随之送出，保持与塔架间距不小于 100mm。吊点绑扎要设专人负责，绑扎要牢固，在绑扎处塔材做防护，对须补强的构件吊点予以可靠补强。

（6）组装杆塔的材料及工器具禁止浮搁在已立的杆塔和抱杆上。

（7）构件起吊过程中，保持吊件与铁塔间距不应小于 100mm。

（8）抱杆在各种工况下，其受压所产生的挠度变形及应力应符合抱杆设计要求。作业前应进行的施工计算，主要包括下列内容：施工过程中吊件的强度验算、铁塔的强度和稳定验算、主要起吊工器具的受力计算、抱杆及拉线的受力计算、地锚的受力计算。

（9）吊装过程，施工现场任何人发现异常应立即停止牵引，查明原因，做出妥善处理，不得强行吊装。

（10）构件起吊和就位过程中，不得调整抱杆拉线。

四、落地抱杆安装与拆除

（一）典型违章及违反条款

1. 雷雨等恶劣天气进行落地抱杆安装、拆除作业

违反《双平臂落地抱杆安装及验收规范》（Q/GDW 11141—2013）4.3 条：雷雨、暴雨、浓雾、沙尘暴等天气严禁进行安装作业。

2. 抱杆起吊绳等金属部位与带电线路安全距离过近

违反《双平臂落地抱杆安装及验收规范》（Q/GDW 11141—2013）4.4 条：抱杆、吊件及控制绳的正下方不得有带电的输电线路，其任何部位与带电体的最小安全距离不得小于规定。

3. 落地抱杆安装间歇时，已安装部位未及时固定

违反《双平臂落地抱杆安装及验收规范》（Q/GDW 11141—2013）4.5 条：当安装作业不能连续进行时，应将已安装的部位固定牢靠，并做好防范措施。恢复作业前应对各系统进行检查。

4. 落地抱杆钢丝绳转向滑轮转动不灵活（见图 24－34）

违反《双平臂落地抱杆安装及验收规范》（Q/GDW 11141—2013）5.1 条：安装前，应对抱杆进行全面检查，发现有下列情况之一的，不得安装：

e）滚轮、卷筒等活动件有锈蚀、转动不灵活。

5. 落地抱杆卷扬机使用树木、外露岩石作为地锚

违反《双平臂落地抱杆安装及验收规范》（Q/GDW 11141—2013）6.2.1 条：卷扬机地锚、底座固定拉线地锚、主吊绳转向地锚等的埋设应满足规范的要求，并有埋设检查记录。不得使用树木或外露岩石等临时性锚体。

6. 抱杆个别插销使用铁丝代替（见图 24－35）

违反《双平臂落地抱杆安装及验收规范》（Q/GDW 11141—2013）6.2.2 条：连接件应齐全无损，开口销应按规定开口，不得使用铁丝等物体代替。螺栓连接无松动，钢丝绳卡连接应符合 DL 5009.2 的规定。

图 24－34 落地抱杆钢丝绳转向滑轮破损、转动不灵活

图 24－35 个别销轴开口销用铁丝代替

7. 双平臂抱杆杆身标准节与基座连接螺栓有遗漏或未平帽、标准节间连接高强度销钉连接未到位，螺栓紧固不到位（见图 24－36）

（1）违反《国家电网公司电力安全工作规程（电网建设部分）（试行）》9.8.1 条：抱杆组装应正直，连接螺栓的规格应符合规定，并应全部拧紧。

（2）违反《国家电网公司电力安全工作规程（电网建设部分）（试行）》9.8.11.1 条：抱杆各部件间应连接牢固。

图 24－36 螺栓未平帽、有遗漏，高强度销钉未全部连接（一）

图 24－36 螺栓未平帽、有遗漏，高强度销钉未全部连接（二）

（3）违反《双平臂落地抱杆安装及验收规范》（Q/GDW 11141—2013）6.4.8 条：每次顶升完成后，应对所有新引入标准节的连接螺栓进行紧固检查，使螺栓紧固力矩符合技术文件的要求。

8. 落地抱杆提升架个别连接件未安装，落地抱杆连接螺栓以小代大，个别螺栓未安装（见图 24－37）

图 24－37 提升架个别连接件未安装、螺栓以小代大、个别螺栓未安装

（1）违反《国家电网公司电力安全工作规程（电网建设部分）（试行）》9.8.11.1 条：抱杆各部件间应连接牢固。

（2）违反《电力建设安全工作规程 第 2 部分：电力线路》（DL 5009.2—2013）3.1.7

条：主要受力工器具应符合国家技术检验标准，并附有许用荷载标志。使用前应进行检查，不合格者不得使用，不得以小代大，不得超载使用。

（3）违反《国家电网公司电力安全工作规程（电网建设部分）（试行）》9.8.1 条：抱杆组装应正直，连接螺栓的规格应符合规定，并应全部拧紧。

9. 运动机构的制动器未安装或失效

（1）违反《双平臂落地抱杆安装及验收规范》（Q/GDW 11141—2013）5.1 条：安装前，应对抱杆进行全面检查，发现有下列情况之一的，不得安装：

c）安全装置不齐全或失效的。

（2）违反《双平臂落地抱杆安装及验收规范》（Q/GDW 11141—2013）6.2.7 条：起吊、回转、变幅等运动机构的制动器制动有效，制动器表面无油污等污染，制动间隙应符合抱杆技术文件的要求。

10. 落地抱杆底座地基不平整，有积水和沉降现象

（1）违反《双平臂落地抱杆安装及验收规范》（Q/GDW 11141—2013）6.3.1 条：抱杆基础及其处理后的地基承载力应符合抱杆技术文件要求。

（2）违反《双平臂落地抱杆安装及验收规范》（Q/GDW 11141—2013）6.3.2 条：采用装配式底座时，安装底座前应对地基进行平整及夯实加固等处理。底座地基有边坡时，抱杆底座距离边坡边缘应有足够的安全距离。

（3）违反《双平臂落地抱杆安装及验收规范》（Q/GDW 11141—2013）6.3.3 条：底座安装平面应平整，安装调整完成后底座倾斜度不大于 3/1000。

（4）违反《双平臂落地抱杆安装及验收规范》（Q/GDW 11141—2013）6.3.5 条：易受到流水冲刷或积水的抱杆地基及施工地锚，应做好排水措施。

（5）违反《国家电网公司电力安全工作规程（电网建设部分）（试行）》9.8.2 条：抱杆应坐落在坚实稳固平整的地基或设计规定的基础上，若为软弱地基时应采取防止抱杆下沉的措施。

11. 落地抱杆装配式底座固定拉线向上对地夹角大于 15°

违反《双平臂落地抱杆安装及验收规范》（Q/GDW 11141—2013）6.3.4 条：装配式底座的固定拉线向上时，对地夹角不得大于 15°，拉线能有效承受杆身倾覆力矩及主吊钢丝绳转向载荷，防止底座发生滑移现象。

12. 抱杆接地线未使用专用夹具，连接不可靠（见图 24－38）

（1）违反《国家电网公司电力安全工作规程（电网建设部分）（试行）》10.10.3 条：接地线不得用缠绕法连接，应使用专用夹具，连接应可靠。

（2）违反《双平臂落地抱杆安装及验收规范》（Q/GDW 11141—2013）6.3.6 条：抱杆底座应接地，接地装置应连接可靠。

13. 落地抱杆双油缸顶升作业不同步

违反《双平臂落地抱杆安装及验收规范》（Q/GDW 11141—2013）6.4.2 条：采用双油缸液压顶升系统时，双油缸行程应有同步功能。

14. 落地抱杆的电缆线与主吊钢丝绳摩擦

违反《双平臂落地抱杆安装及验收规范》（Q/GDW 11141—2013）6.5.2 条：穿过回转总成内腔的电缆线应固定可靠，回转动作时不应松动，应有防止与主吊钢丝绳摩擦的措施。

15. 平臂抱杆起重臂上无水平移动安全绳

违反《双平臂落地抱杆安装及验收规范》（Q/GDW 11141—2013）6.6.5 条：起重臂上应有贯穿全臂供操作人员行走的安全绳。

16. 落地抱杆吊钩无防脱钩装置（见图 24－39）

违反《双平臂落地抱杆安装及验收规范》（Q/GDW 11141—2013）6.7.3 条：两个吊钩的钩体上应有醒目的区分标识。防脱钩装置可靠，吊钩挂绳处截面磨损量不得超过原高度的 10%。

图 24－38 抱杆接地不规范

图 24－39 抱杆吊钩保险装置脱落

17. 主卷扬机及控制室离塔中心距离过近

违反《双平臂落地抱杆安装及验收规范》（Q/GDW 11141—2013）6.7.4 条：主卷扬机及主控制台距离塔中心不小于铁塔全高的 0.5 倍，且不小于 40m。

18. 双平臂落地抱杆未安装相关超载限制器

违反《双平臂落地抱杆安装及验收规范》（Q/GDW 11141—2013）6.8.14 条：起重量限制器、力矩限制器、力矩差限制器在达到各自 1.05 倍的额定载荷值时，应能切断执行危险动作的机构动力源，但是机构停止后可以做减小载荷的运动。

19. 抱杆附着未安装抗扭拉索

违反《双平臂落地抱杆安装及验收规范》（Q/GDW 11141—2013）6.10.2 条：附着拉索的布置应能防止抱杆杆身出现扭转。

20. 抱杆顶（提）升安装完成后，在使用前未进行试吊

（1）违反《输电线路组塔落地抱杆》（Q/GDW 11402—2015）5.1.13 条：抱杆顶（提）升安装完成后，在交付使用前应进行检验，检验应包括所有指示和限制装置的规定。

（2）违反《1000kV 架空输电线路铁塔组立施工工艺导则》（DL/T 5289—2013）5.4.1

条：安装起吊和变幅系统，对起吊、变幅、回转各系统及安全装置进行调试并进行试吊。

21. 落地抱杆组塔腰环拉线未收紧（见图 24－40）

违反《电力建设安全工作规程　第 2 部分：电力线路》（DL 5009.2—2013）6.8.3 条：提升抱杆不得少于两道腰环，腰环固定钢丝绳应呈水平收紧。

22. 落地抱杆组塔控制室（金属材质）未接地（见图 24－41）

图 24－40　抱杆腰环未收紧

图 24－41　落地抱杆组塔控制室（金属材质）未接地

违反《国家电网公司电力安全工作规程（电网建设部分）（试行）》3.3.4.1 条：金属房外壳（皮）应可靠接地。

（二）落地抱杆安装与拆除主要安全控制措施

（1）雷雨、暴雨、浓雾、沙尘暴等天气严禁进行安装作业。

（2）抱杆、吊件及控制绳的正下方不得有带电的输电线路，其任何部位与带电体的最小安全距离不得小于规定。

（3）当安装作业不能连续进行时，应将已安装的部位固定牢靠，并做好防范措施。恢复作业前应对各系统进行检查。

（4）安装前，应对抱杆进行全面检查，发现有下列情况之一的，不得安装：

1）结构件上有可见裂纹、严重磨损和严重锈蚀的；

2）主要受力构件存在影响强度的塑形变形的；

3）安全装置不齐全或失效的；

4）钢丝绳达到报废标准的；

5）滚轮、卷筒等活动件有锈蚀，转动不灵活的；

6）液压装置、制动器等存在漏油现象的。

（5）卷扬机地锚、底座固定拉线地锚、主吊绳转向地锚等的埋设应满足规范的要求，并有埋设检查记录。不得使用树木或外露岩石等临时性锚体。

（6）连接件应齐全无损，开口销应按规定开口，不得使用铁丝等物体代替。螺栓连接无松动，钢丝绳卡连接应符合 DL 5009.2 的规定。

（7）抱杆组装应正直，连接螺栓的规格应符合规定，并应全部拧紧。每次顶升完成后，应对所有新引入标准节的连接螺栓进行紧固检查，使螺栓紧固力矩符合技术文件的要求。

（8）起吊、回转、变幅等运动机构的制动器制动有效，制动器表面无油污等污染，制动间隙应符合抱杆技术文件的要求。

（9）抱杆基础及其处理后的地基承载力应符合抱杆技术文件的要求；采用装配式底座时，安装底座前应对地基进行平整及夯实加固等处理。底座地基有边坡时，抱杆底座距离边坡边缘应有足够的安全距离；底座安装平面应平整，安装调整完成后底座倾斜度不大于 3/1000；易受到流水冲刷或积水的抱杆地基及施工地锚，应做好排水措施；抱杆应坐落在坚实稳固平整的地基或设计规定的基础上，若为软弱地基时应采取防止抱杆下沉的措施。

（10）装配式底座的固定拉线向上时，对地夹角不得大于 15°，拉线能有效承受杆身倾覆力矩及主吊钢丝绳转向载荷，防止底座发生滑移现象。

（11）接地线不得用缠绕法连接，应使用专用夹具，连接应可靠；抱杆底座应接地，接地装置应连接可靠。

（12）采用双油缸液压顶升系统时，双油缸行程应有同步功能。

（13）顶升导向轮与标准节之间间隙调整合适，顶升顺畅，无异常噪声。

（14）顶升承台的受力部位与标准节上顶升支承部位应可靠定位和配合，顶升防脱功能可靠有效。

（15）穿过回转总成内腔的电缆线应固定可靠，回转动作时不应松动，应有防止与主吊钢丝绳摩擦的措施。

（16）起重臂上应有贯穿全臂供操作人员行走的安全绳。

（17）两个吊钩的钩体上应有醒目的区分标识。防脱钩装置可靠，吊钩挂绳处截面磨损量不得超过原高度的 10%。

（18）主卷扬机及主控制台距离塔中心不小于铁塔全高的 0.5 倍，且不小于 40m。

（19）起重量限制器、力矩限制器、力矩差限制器在达到各自 1.05 倍的额定载荷值时，应能切断执行危险动作的机构动力源，但是机构停止后可以做减小载荷的运动。

（20）附着拉索的布置应能防止抱杆杆身出现扭转。

（21）抱杆工作高度不大于独立高度，高差不大于 1m。

（22）抱杆顶（提）升安装完成后，在交付使用前应进行检验，检验应包括所有指示和限制装置；安装起吊和变幅系统，对起吊、变幅、回转各系统及安全装置进行调试并进行试吊。

（23）抱杆安装到设计规定的最大独立高度时，主要性能参数误差应符合以下要求：

1）空载时，最大幅度允许偏差为其设计值的±2%，最小幅度允许偏差为其公称值的±10%；

2）起升高度应大于等于设计值；

3）空载，风速不大于 3m/s 状态下，独立状态杆身（或附着状态下最高附着点以上杆身）轴心线的侧向垂直度允差为 4/1000；

4）单动臂抱杆尾部回转半径不得大于其设计值的 50mm 的规定。

（24）抱杆拆除应按下列方法进行：先将两摇臂/平臂收拢并与桅杆绑扎固定，接着按提升逆程序将杆身从底部逐节拆除，待抱杆降到一定高度后，采用流动式起重机或在塔身挂设滑车组的方式将剩余部分拆除。

（25）工作平台、爬梯、栏杆、踏板、护圈、休息平台应安装完整牢固，符合 GB 5144 的规定。

（26）平臂抱杆组塔时，顶升套架拉线、回转下支座拉线使用铁塔塔脚上预留施工孔时，拉线连接工具受力合理，拉线间互不影响和干扰。

（27）平臂抱杆组塔时，标准节引入轨道保持水平，轨道两端有防止引进轮滑落的限位措施。

（28）平臂抱杆组塔应遵守下列规定：抱杆各部件间应连接牢固，并设置附着和配重；抱杆应用良好的接地装置，接地电阻不得大于 4Ω。

（29）双平臂抱杆空载试运行应确保运动机构和各运动部件运行平稳，无异常；各项检测项目性能符合抱杆技术文件要求，并完成以下检测项目：

1）回转系统空载运行检测项目有变挡、额定速度运行、制动、角度限制。

2）变幅系统空载运行检测项目有变挡、额定速度运行、制动、小车幅度感测显示及限位。

3）起吊系统空载运行检测项目有变挡、额定速度运行、制动、吊钩高度感测显示及限位。

4）顶升系统空载运行检测项目有油缸伸缩、油压表读数、机构与标准节的配合。

（30）双平臂抱杆负载试运行应确保以下事项：

1）根据施工工况，在某一幅度起吊相应额定起重量且进行起吊、变幅、回转试验，试验次数不少于 3 次。各系统检测项目与空载试运行时相同，各种安全装置工作可靠有效，各机构运转正常，制动可靠，操纵系统、电气控制系统工作正常。同时，检查双臂的起重量、力矩、力矩差的显示精度，载荷的预警、报警及限制功能正常。

2）在载荷作用下及卸载后，主要结构件及关键零部件不得有裂纹、损坏、永久变形、油漆剥落、连接松动及对抱杆性能和安全有影响的损坏。

3）检测变幅及回转系统时，吊件离地约 500mm。起吊系统在下降过程中进行不少于 3 次的正常制动。

4）在载荷作用下，抱杆臂根铰点处的水平静位移应不大于杆身独立高度（悬臂高度）的 0.0134 倍。

5）起重量标定所使用的标定载荷不得小于额定载荷的 60%，标定物重量误差应小于 5%。

五、落地抱杆组立铁塔

（一）典型违章及违反条款

1. 杆塔组立后铁塔未及时接地或接地不可靠（见图 24－42）

违反《电力建设安全工作规程　第 2 部分：电力线路》（DL 5009.2—2013）6.1.21

图 24－42 杆塔组立后铁塔未及时接地或接地不可靠

条：铁塔组立过程中及电杆组立后，应及时与接地装置连接。

2. 落地抱杆提升（顶升）作业时，腰环固定钢丝绳未收紧

违反《国家电网公司电力安全工作规程（电网建设部分）（试行）》9.8.3 条：提升（顶升）抱杆时，不得少于两道腰环。腰环固定钢丝绳应呈水平并收紧，同时应设专人指挥。

3. 在摇臂抱杆的摇臂非吊挂滑车位置上悬吊起吊滑车吊装构件

违反《国家电网公司电力安全工作规程（电网建设部分）（试行）》9.8.4 条：摇臂的中部位置或非吊挂滑车位置不得悬挂起吊滑车或其他临时拉线。

4. 落地抱杆悬吊构件在空中停留过夜

违反《国家电网公司电力安全工作规程（电网建设部分）（试行）》9.8.5 条：停工或过夜时，应将起吊滑车组收紧在地面固定。禁止悬吊构件在空中停留过夜。

5. 摇臂抱杆单侧起吊构件时对侧无平衡拉线

违反《国家电网公司电力安全工作规程（电网建设部分）（试行）》9.8.6 条：抱杆采取单侧摇臂起吊构件时，对侧摇臂及起吊滑车组应收紧作为平衡拉线。

6. 构件吊装过程中，抱杆向吊件侧倾斜超过 100mm

违反《国家电网公司电力安全工作规程（电网建设部分）（试行）》9.8.7 条：吊装构件前，抱杆顶部应向受力反侧适度预倾斜。构件吊装过程中，应对抱杆的垂直度进行监视，抱杆向吊件侧倾斜不宜超过 100mm。

7. 落地摇臂抱杆拉线与水平面夹角超出规定要求

违反《1000kV 架空输电线路铁塔组立施工工艺导则》(DL/T 5289—2013) 5.2.4 条：抱杆拉线与水平面夹角应满足抱杆强度和稳定性要求，其塔身侧挂点应设置在塔身节点处。

8. 平臂抱杆附着间距超出杆身稳定性要求

违反《1000kV 架空输电线路铁塔组立施工工艺导则》(DL/T 5289—2013) 5.2.5 条：抱杆宜采用柔性附着，附着间距应满足杆身稳定性要求，且附着应设置在塔身节点处。

9. 平臂抱杆超重吊装构件

违反《国家电网公司电力安全工作规程（电网建设部分）（试行）》9.8.11.4 条：应配置力矩、风速等监控装置，作业前检查应处于正常工作状态。

10. 平臂抱杆小车行走距离超出允许范围吊装构件

违反《国家电网公司电力安全工作规程（电网建设部分）（试行）》9.8.11.5 条：起重小车行走到起重臂顶端，终止点距顶端应大于 1m。

11. 落地抱杆液压提升套架未结合抱杆组立同步安装

违反《1000kV 架空输电线路铁塔组立施工工艺导则》(DL/T 5289—2013) 5.4.1 条：

抱杆利用液压提升套架提升，液压提升套架应结合抱杆组立同步安装。

（二）安全控制措施

（1）抱杆组装应正直，连接螺栓的规格应符合规定，并应全部拧紧。

（2）抱杆应坐落在坚实稳固平整的地基或设计规定的基础上，若为软弱地基时应采取防止抱杆下沉的措施。

（3）提升（顶升）抱杆时，不得少于两道腰环。腰环固定钢丝绳应呈水平并收紧，同时应设专人指挥。

（4）摇臂的中部位置或非吊挂滑车位置不得悬挂起吊滑车或其他临时拉线。

（5）停工或过夜时，应将起吊滑车组收紧在地面固定。禁止悬吊构件在空中停留过夜。

（6）抱杆采取单侧摇臂起吊构件时，对侧摇臂及起吊滑车组应收紧作为平衡拉线。

（7）吊装构件前，抱杆顶部应向受力反侧适度预倾斜。构件吊装过程中，应对抱杆的垂直度进行监视，抱杆向吊件侧倾斜不宜超过100mm。

（8）无拉线摇臂抱杆不宜双侧同时起吊构件。若双侧起吊构件，应设置抱杆临时拉线。

（9）抱杆提升过程中，应监视腰环与抱杆不得卡阻，抱杆提升时拉线应呈松弛状态。

（10）抱杆就位后，四侧拉线应收紧并固定，组塔过程中应有专人值守。

（11）摇臂抱杆拉线与水平面夹角应满足抱杆强度和稳定性要求，其塔身侧挂点应设置在塔身节点处。

（12）平臂抱杆宜采用柔性附着，附着间距应满足杆身稳定性要求，且附着应设置在塔身节点处。

（13）平臂抱杆组塔应遵守下列规定：

1）抱杆各部件间应连接牢固，并设置附着和配重。

2）抱杆应用良好的接地装置，接地电阻不得大于4Ω。

3）构件应组装在起重臂下方，且符合起重臂允许起重力矩要求。

4）应配置力矩、风速等监控装置，作业前检查应处于正常状态。

5）起重小车行走到起重臂顶端，终止点距顶端应大于1m。

（14）抱杆利用液压提升套架提升，液压提升套架应结合抱杆组立同步安装。

六、起重机组立铁塔

（一）典型违章及违反条款

1. 在电力线附近立塔时，吊车未设置可靠接地（见图24－43和图24－44）

违反《电力建设安全工作规程　第2部分：电力线路》（DL 5009.2—2013）6.9.8条第4款：在电力线附近组塔时，起重机应接地良好。

图 24－43 临近电力线立塔吊车未设置可靠接地

图 24－44 立塔吊车未设置可靠接地

图 24－45 立塔时吊车支撑地基不稳固

2. 吊车作业时，吊车支撑地基不稳固（见图 24－45）

违反《电力建设安全工作规程 第 2 部分：电力线路》（DL 5009.2—2013）6.9.8 条第 1 款：起重机工作位置的地基应稳固，附近的障碍物应清除。

3. 吊车组立杆塔时未试吊

违反《电力建设安全工作规程 第 2 部分：电力线路》（DL 5009.2—2013）6.9.5 条：吊件离开地面约 100mm 时应暂停起吊并进行检查，确认正常且吊件上无搁置物及人员后方可继续起吊，起吊速度应均匀。

4. 吊车起吊塔材时吊臂下有人通行（见图 24－46 和图 24－47）

违反《国家电网公司电力安全工作规程（电网建设部分）（试行）》9.9.10 条：起重臂下和重物经过的地方禁止有人逗留或通过。

图 24－46 吊车吊臂下方有人

图 24－47 吊车起吊时吊件下方有人通行

5. 两台吊车抬吊时，吊车承担的吊重超过单机额定吊重的 80%

违反《电力建设安全工作规程　第 2 部分：电力线路》（DL 5009.2—2013）6.9.8 条第 5 款：使用两台起重机抬吊同一构件时，起重机承担的构件重量应考虑不平衡系数后且不应超过单机额定起吊重量的 80%。两台起重机应互相协调，起吊速度应基本一致。

6. 吊车的限位装置损坏（见图 24－48）

违反《国家电网公司电力安全工作规程（电网建设部分）（试行）》4.5.12 条：起重机械的各种监测仪表、限位器、安全阀、闭锁机构等安全装置应完好齐全、灵敏可靠，不得随意调整或拆除。禁止利用限位器和限位装置代替操作机构。

7. 吊车的衬垫支撑枕木小于 1.2m（见图 24－49）

违反《国家电网公司输变电工程施工安全风险识别、评估及预控措施管理办法》（国网（基建/3）176—2019）风险编号 4080803 项的规定：起重机吊装立塔的杆塔吊装及组装的要求：衬垫支腿枕木不得少于两根且长度不得小于 1.2m。

图 24－48　吊车副勾限位装置损坏

图 24－49　吊车衬垫支撑枕木小于 1.2m

8. 吊车站位位置不合理，超吊车允许荷载和作业半径起吊

（1）违反《110kV～750kV 架空输电线路铁塔组立施工工艺导则》（DL/T 5342—2018）11.1.3 条：流动式起重机吊装塔材时，应留有施工裕度，吊重不宜超过相应幅度额定负荷的 90%。

（2）违反《110kV～750kV 架空输电线路铁塔组立施工工艺导则》11.1.5 条：吊装作业前，应规划好作业区域和塔材、螺栓、工器具存放场地及起重机的站位位置。

9. 吊车指挥人员站在侧面或吊车后面进行指挥起吊

违反《电力建设安全工作规程　第 2 部分：电力线路》（DL 5009.2—2013）6.9.7 条：

指挥人员看不清作业地点或操作人员看不清指挥信号时，均不得进行起吊作业。

（二）安全控制措施

（1）施工前根据专项施工方案和杆塔高度及分片、段重量合理选择配备起重设备及工器具。所有设备及工器具要进行定期维护保养。

（2）起重指挥人员应熟悉起重设备性能，严禁超负荷吊装。主要受力工器具应符合技术检验标准，并附有许用荷载标志；使用前必须进行检查，不合格者严禁使用，严禁以小代大，严禁超载使用。起重机工作位置的地基必须稳固，附近的障碍物应清除。

（3）起重机的各种监测仪表、限位器、安全阀、闭锁机构等安全装置应完好齐全、灵敏可靠，不得随意调整或拆除。禁止利用限位器和限位装置代替操作机构。

（4）吊装作业前，应规划好作业区域和塔材、螺栓、工器具存放场地及起重机的站位位置。

（5）起重机作业位置的地基应稳固，附近的障碍物应清除。衬垫支腿枕木不得少于两根且长度不得小于 1.2m。认真检查各起吊系统，具备条件后方可起吊。

（6）起重机吊装杆塔必须指定专人指挥。指挥人员看不清作业地点或操作人员看不清指挥信号时，均不得进行起吊作业。

（7）施工前仔细核对施工图纸的吊段参数（杆塔型、段别组合、段重），严格控制施工方案的单吊重量。

（8）吊装塔材时，应留有施工裕度，吊重不宜超过相应幅度额定负荷的 90%。

（9）吊装铁塔前，应对已组塔段（片）进行全面检查。起重臂及吊件下方划定作业区，地面设安全监护人，吊件垂直下方不得有人。

（10）当风速达到六级及以上或大雨、大雪、大雾等恶劣天气时，停止露天的起重吊装作业。重新作业前，先试吊，并确认各种安全装置灵敏可靠后进行作业。

（11）吊件离开地面约 100mm 时暂停起吊并进行检查，确认正常且吊件上无搁置物及人员后方可继续起吊。

（12）分段吊装铁塔时，上下段间有任一处连接后，不得用旋转起重臂的方法进行移位找正。分段分片吊装铁塔时，控制绳应随吊件同步调整。

（13）起重机在作业中出现异常时，应采取措施放下吊件，停止运转后进行检修，不得在运转中进行调整或检修。

（14）使用两台起重机抬吊同一构件时，起重机承担的构件重量应考虑不平衡系数后且不应超过单机额定起吊重量的 80%。两台起重机应互相协调，起吊速度应基本一致。

（15）临近带电体附近组塔时，施工方案经过专家论证、审查并批准，起重机必须接地良好，接地线截面不小于 $16mm^2$。起重机臂架、吊具、辅具、钢丝绳及吊物等与带电体的最小安全距离符合安规要求。

第三节 架线施工

一、钢管（竹、木）跨越架搭设

（一）典型违章及违反条款

1. 跨越架的中心未在线路中心线上，跨越架宽度不足，架顶两侧未设外伸羊角

违反《电力建设安全工作规程 第2部分：电力线路》（DL 5009.2—2013）7.1.1条第7款：跨越架的中心应在线路中心线上，宽度应考虑施工期间牵引绳或导地线风偏后超出新建线路两边线各2.0m，且架顶两侧应设外伸羊角。

2. 跨越架距离铁路、公路及通信线的距离过小，不符合安全要求

违反《电力建设安全工作规程 第2部分：电力线路》（DL 5009.2—2013）7.1.1条第8款：跨越架与铁路、公路及通信线的最小安全距离应符合表7.1.1－1的规定。跨越架与高速铁路的最小安全距离应符合表7.1.1－2的规定。

表7.1.1－1 跨越架与被跨越物的最小安全距离（m）

跨越物名称 / 跨越架部位	一般铁路	一般公路	高速公路	通信线
与架面水平距离	到铁路轨道：2.5	到路边：0.6	至路基（防护栏）：2.5	0.6
与封顶杆垂直距离	至轨顶：6.5	至路面：5.5	至路面：8	1.0

表7.1.1－2 跨越架与高速铁路的最小安全距离（m）

安全距离		高速铁路
水平距离	架面距铁路附加导线	不小于7m且位于防护栅栏外
垂直距离	封顶网（杆）距铁路轨顶	不小于12m
	封顶网（杆）距铁路电杆顶或距导线	不小于4m

3. 跨越架与被跨电力线路的距离过近，存在安全隐患

违反《电力建设安全工作规程 第2部分：电力线路》（DL 5009.2—2013）8.2.6条第3款：跨越架架面（含拉线）距被跨电力线路导线之间的最小安全距离在考虑施工期间的最大风偏后不得小于表8.2.6－1的规定。

表8.2.6－1 跨越架与带电力线路导线、地线的最小安全距离（m）

跨越架部位	被跨越电力线电压等级：kV					
	≤10	35	66～110	220	330	500
架面（含拉线）与导线的水平距离	1.5	1.5	2.0	2.5	5.0	6.0
无地线时，封顶网（杆）与导线的垂直距离	1.5	1.5	2.0	2.5	4.0	5.0
有地线时，封顶网（杆）与地线的垂直距离	0.5	0.5	1.0	1.5	2.6	3.6

图 24－50 跨越架未悬挂警示标识

4. 跨越架上未悬挂醒目的警告标志及夜间警示装置（见图 24－50）

违反《国家电网公司电力安全工作规程（电网建设部分）（试行）》10.1.1.10 条：跨越架上应悬挂醒目的警告标志及夜间警示装置。

5. 跨越公路的跨越架，未在公路前方距跨越架适当距离设置提示标志

违反《国家电网公司电力安全工作规程（电网建设部分）（试行）》10.1.1.13 条：跨越公路的跨越架，应在公路前方距跨越架适当距离设置提示标志。

6. 使用木质、毛竹搭设跨越架，所使用的材料的直径过小（见图 24－51），材质有缺陷，不满足安全要求

违反《电力建设安全工作规程　第 2 部分：电力线路》（DL 5009.2—2013）7.1.4 条：使用木质、毛竹、钢管跨越架的规定：

1　木质跨越架所使用的立杆有效部分的小头直径不得小于 70mm，60mm～70mm 的可双杆合并或单杆加密使用。横杆有效部分的小头直径不得小于 80mm。

2　木质跨越架所使用的杉木杆，出现木质腐朽、损伤严重或弯曲过大等任一情况的不得使用。

3　毛竹跨越架的立杆、大横杆、剪刀撑和支杆有效部分的小头直径不得小于 75mm，50mm～75mm 的可双杆合并或单杆加密使用。小横杆有效部分的小头直径不得小于 50mm。

4　毛竹跨越架所使用的毛竹，如有青嫩、枯黄、麻斑、虫蛀以及裂纹长度超过一节以上等任一情况的不得使用。

图 24－51 跨越架材料直径过小、绑扎不牢

7. 钢管跨越架所使用的钢管，有弯曲严重、磕瘪变形、表面有严重腐蚀、裂纹或脱焊等

违反《电力建设安全工作规程　第 2 部分：电力线路》（DL 5009.2—2013）7.1.4 条第 7 款：钢管跨越架所使用的钢管，如有弯曲严重、磕瘪变形、表面有严重腐蚀、裂纹或脱焊等任一情况的不得使用。

8. 木、竹跨越架立杆的埋设深度不符合要求，钢管立杆底部未设置金属底座或垫木，未设置扫地杆

违反《电力建设安全工作规程　第 2 部分：电力线路》（DL 5009.2—2013）7.1.4 条第 8、9 款：

8　钢管立杆底部应设置金属底座或垫木，并设置扫地杆。

9　木、竹跨越架立杆均应垂直埋入坑内，杆坑底部应夯实，埋深不得少 0.5m，且大头朝下，回填土应夯实。遇松土或地面无法挖坑时应绑扫地杆。跨越架的横杆应与立杆成直角搭设。

9. 使用木质、毛竹、钢管搭设跨越架，立杆、横杆的间距不符合要求

违反《电力建设安全工作规程　第 2 部分：电力线路》（DL 5009.2—2013）7.1.4 条第 11 款：各种材质跨越架的立杆、大横杆及小横杆的间距不得大于表 7.1.4－1 的规定。

表 7.1.4－1　　立杆、大横杆及小横杆的间距（m）

跨越架类别	立杆	大横杆	小横杆	
			水平	垂直
钢管	2.0	1.2	4.0	2.4
木	1.5		3.0	2.4
竹	1.2		2.4	2.4

10. 跨越架未按要求设置剪刀撑、支杆、拉线

违反《电力建设安全工作规程　第 2 部分：电力线路》（DL 5009.2—2013）7.1.4 条：

10　跨越架两端及每隔 6～7 根立杆应设置剪刀撑、支杆或拉线。拉线的挂点或支杆或剪刀撑的绑扎点应设在立杆与横杆的交接处，且与地面的夹角不得大于 60°。支杆埋入地下的深度不得小于 0.3m。

11. 跨越架搭设时，架杆搭接长度不足，绑扎方法不正确

违反《电力建设安全工作规程　第 2 部分：电力线路》（DL 5009.2—2013）7.1.4 条第 5、6 款：

5　木、竹跨越架的立杆、大横杆应错开搭接，搭接长度不得小于 1.5m，绑扎时小头应压在大头上，绑扣不得少于 3 道。立杆、大横杆、小横杆相交时，应先绑 2 根，再绑第 3 根，不得一扣绑 3 根。

6　钢管跨越架宜用外径 48mm～51mm 的钢管，立杆和大横杆应错开搭接，搭接长度不得小于 0.5m。

12. 跨越架未经现场监理验收合格即投入使用，或者未悬挂验收合格牌

违反《国家电网公司电力安全工作规程（电网建设部分）（试行）》10.1.1.11 条：跨越架应经现场监理及使用单位验收合格后方可使用。

13. 强风、暴雨过后未对跨越架进行检查

违反《电力建设安全工作规程 第 2 部分：电力线路》（DL 5009.2—2013）7.1.1 条第 11 款：强风、暴雨过后应对跨越架进行检查，确认合格后方可使用。

14. 跨越不停电线路时，施工人员在跨越架内侧攀登或作业

违反《电力建设安全工作规程 第 2 部分：电力线路》（DL 5009.2—2013）8.2.8 条：跨越不停电线路时，施工人员严禁在跨越架内侧攀登、作业和从封顶架上通过。

15. 附件安装未完毕即拆除跨越架

违反《电力建设安全工作规程 第 2 部分：电力线路》（DL 5009.2—2013）7.1.1 条第 15 款：附件安装完毕后，方可拆除跨越架。钢管、木质、毛竹跨越架应自上而下逐根进行并应有人传递，不得抛扔。不得上下同时拆架或将跨越架整体推倒。

16. 钢管、木质、毛竹跨越架未自上而下逐根拆除，抛扔材料

违反《电力建设安全工作规程 第 2 部分：电力线路》（DL 5009.2—2013）7.1.1 条第 15 款：附件安装完毕后，方可拆除跨越架。钢管、木质、毛竹跨越架应自上而下逐根进行并应有人传递，不得抛扔。不得上下同时拆架或将跨越架整体推倒。

（二）安全控制措施

（1）跨越架的搭设、拆除应编制施工方案，方案应具体可行、具有针对性。按规定流程进行审批，之后向被跨物运营单位办理跨越施工相关手续。

（2）跨越架搭设、拆除施工方案内容应包括施工技术措施、组织措施、安全措施、应急预案等内容，应对架体的几何尺寸、强度等进行计算。跨越架架体的强度应能在发生断线或跑线时承受冲击荷载。

（3）跨越架搭设前应对所有施工人员进行安全技术交底。

（4）搭设跨越架，应事先与被跨越设施的产权单位取得联系，必要时应请其派员监督检查。

（5）搭设或拆除跨越架应设专责监护人。

（6）跨越架的中心应在线路中心线上，宽度应考虑施工期间牵引绳或导地线风偏后超出新建线路两边线各 2.0m，且架顶两侧应设外伸羊角。

（7）跨越架应采取拉线、斜撑杆等可靠的防倾覆措施。

（8）所用的钢管（竹杆、木杆）的材质、直径等应符合安全规程要求，且没有影响安全使用的缺陷。

（9）搭设前，要对架杆、封网材料进行检查，不合格品严禁投入使用。

（10）跨越架与被跨越物的最小安全距离应符合安全规程要求，应考虑风偏、降雨等对安全距离的影响。

（11）跨越架立杆埋深不得少于 0.5m，支杆埋深不得少于 0.3m；钢管跨越架立杆底部必须设置金属底座或垫木，并设置扫地杆，组立后及时做好接地措施。跨越架两端及每隔 6～7 根立杆设剪刀撑杆、支杆和拉线，拉线与地面夹角不得大于 60°，确保跨越

架整体结构的稳定。跨越架强度应足够，能够承受牵张过程中断线或跑线时的冲击力。

（12）跨越架的立杆、大横杆及小横杆的间距不得大于安规的规定。

（13）金属跨越架架顶设置挂胶滚筒或挂胶滚动横梁。

（14）各种锚桩回填时有防沉措施，并覆盖防雨布并设有排水沟。下雨后及时检查地锚埋设情况，如有土质下沉、流失等情况及时回填。

（15）跨越架悬挂醒目的安全警告标志、夜间警示装置和验收标志牌。跨越公路的跨越架，应在公路前方距跨越架适当距离设置提示标志。

（16）跨越架应经现场监理及使用单位验收合格后方可使用。

（17）强风、暴雨过后应对跨越架进行检查，确认合格后方可使用。

（18）跨越不停电线路时，禁止作业人员在跨越架内侧攀登、作业，禁止从封顶架上通过。

（19）架线施工过程中，应加强对跨越架的监护。应加强对跨越架的安全监护，防止外来因素破坏，必要时进行不间断的看护。

（20）附件安装完毕后，方可拆除跨越架。

（21）钢管、木质、毛竹跨越架应自上而下逐根拆除，并应有人传递，不得抛扔。

（22）拆跨越架时应自上而下逐根进行，架片、架杆应有人传递或用绳索吊送，不得抛扔，严禁将跨越架整体推倒。当拆跨越架的撑杆时，需要在原撑杆的位置绑手溜绳，避免因撑杆撤掉后跨越架整片倒落。

（23）拆除跨越架时应保留最下层的撑杆，待横杆都拆除后，利用支撑杆放倒立杆，做好现场安全监护。

（24）按照风险等级进行安全管控，各级人员应到岗到位进行监督检查。

二、悬索式跨越架搭设

（一）典型违章及违反条款

1. 悬索式跨越封网的中心发生偏离，未设置在新建线路每相（极）导线的中心垂直投影位置上（见图 24－52）

违反《电力建设安全工作规程　第 2 部分：电力线路》（DL 5009.2—2013）7.1.1 条第 13 款：跨越架横担中心应设置在新架线路每相（极）导线的中心垂直投影上。

图 24－52　封网设施中心不在新架线路导线的中心垂直投影上

2. 悬索跨越架的承载索、接续钢丝绳、拉网（杆）绳、牵引绳、网撑竿、承载索悬吊绳的规格较小，其安全系数小于安全规程要求。网撑竿抗弯能力不满足要求

违反《电力建设安全工作规程 第 2 部分：电力线路》（DL 5009.2—2013）7.1.3 条第 1 款：悬索跨越架的承载索应用纤维编织绳，其综合安全系数在事故状态下应不小于 6，钢丝绳应不小于 5。拉网（杆）绳、牵引绳的安全系数应不小于 4.5。网撑竿的强度和抗弯能力应根据实际荷载要求，安全系数应不小于 3。承载索悬吊绳安全系数应不小于 5。

3. 绝缘绳、网使用前未进行安全检查，存在磨损、断股、受潮等缺陷即投入使用

违反《电力建设安全工作规程 第 2 部分：电力线路》（DL 5009.2—2013）7.1.3 条第 5 款：绝缘绳、网使用前应进行外观检查，绳、网有严重磨损、断股、污秽及受潮时不得使用。

4. 接触带电体的绳索在使用前未进行绝缘测试

违反《电力建设安全工作规程 第 2 部分：电力线路》（DL 5009.2—2013）7.1.3 条第 3 款：可能接触带电体的绳索，使用前均应经绝缘测试并合格。

5. 绝缘网的宽度过小，导线风偏后，保护范围不足。绝缘网伸出被保护的电力线外长度不足 10m

违反《电力建设安全工作规程 第 2 部分：电力线路》（DL 5009.2—2013）7.1.3 条第 4 款：绝缘网宽度应满足导线风偏后的保护范围。绝缘网长度伸出被保护的电力线外长度不得小于 10m。

6. 跨越封网设施未设置调节弧垂的装置，雨后受潮，弧垂下降，距被跨越物不满足安全要求

违反《电力建设安全工作规程 第 2 部分：电力线路》（DL 5009.2—2013）8.2.6 条第 2 款：在多雨季节和空气潮湿情况下，应在封网用承力绳与架体横担连接处采取分流调节保护措施。

7. 跨越架未经现场监理验收合格即投入使用，或者未悬挂验收合格牌

违反《国家电网公司电力安全工作规程（电网建设部分）（试行）》10.1.1.11 条：跨越架应经现场监理及使用单位验收合格后方可使用。

8. 强风、暴雨过后未对跨越架进行安全检查，或安全检查不严不细

违反《电力建设安全工作规程 第 2 部分：电力线路》（DL 5009.2—2013）7.1.1 条第 11 款：强风、暴雨过后应对跨越架进行检查，确认合格后方可使用。

9. 附件安装未完毕即拆除跨越架

违反《电力建设安全工作规程 第 2 部分：电力线路》（DL 5009.2—2013）7.1.1 条第 15 款：附件安装完毕后，方可拆除跨越架。

（二）安全控制措施

（1）施工前，应对使用悬索式跨越架的位置进行现场勘测，按照实际技术参数编制

施工方案。方案应具体详细，具有指导性、可操作性。监理、业主按规定流程进行审批。施工前应向被跨越管理部门申请跨越施工许可证、办理相关手续。

（2）悬索式跨越架施工方案内容应包括施工技术措施、组织措施、安全措施、应急预案等内容，应对架体的几何尺寸、强度等进行计算。

（3）跨越架搭设前应对所有施工人员进行安全技术交底。

（4）搭设跨越架，应事先与被跨越设施的产权单位取得联系，必要时应请其派员监督检查。

（5）搭设或拆除跨越架应设专责监护人。

（6）跨越架的中心应在线路中心线上，宽度应考虑施工期间牵引绳或导地线风偏后超出新建线路两边线各 2.0m。

（7）跨越架应采取可靠的防风吹倾覆、偏移的措施，如设置拉线等。

（8）架设及拆除防护网及承载索必须在晴好天气进行，所有绳索应保持干净、干燥状态，施工前应对承载索、拖网绳、绝缘网、导引绳进行绝缘性能测试并合格。

（9）防护网搭设至拆除时段内全过程必须设专人看护，随时调整承载索对被跨越物的安全距离，及时反馈牵引情况，保证牵引绳和导地线及走板不触及防护网。夜间需加强看护跨越设施，有充足的照明设备，防止人为破坏。

（10）跨越架与被跨越物的最小安全距离应符合要求，应考虑风偏、降雨等对安全距离的影响。

（11）跨越架搭设具体尺寸、安装等方式应符合安全规程与已审批的施工方案的要求。

（12）跨越架上应悬挂醒目的警告标志及夜间警示装置，跨越公路的跨越架应在公路前方距跨越架适当距离设置提示标志。

（13）跨越架应经现场监理及使用单位验收合格后方可使用，并悬挂验收合格牌。

（14）强风、暴雨过后应对跨越架进行检查，确认合格后方可使用。

（15）禁止作业人员从封顶网上通过。

（16）附件安装完毕后，方可拆除跨越防护网。

（17）按照风险等级进行安全管控，各级人员应到岗到位进行监督检查。

三、重要跨越施工

（一）典型违章及违反条款

1. 跨越省道（国道）未搭设跨越架（见图 24－53）

违反《电力建设安全工作规程　第 2 部分：电力线路》（DL 5009.2—2013）7.1.1 条第 2 款：跨越架的搭设应由施工技术部门提出搭设方案或施工作业指导书，并经审批后办理相关手续。

2. 跨越架未经验收合格开始跨越施工（见图 24－54）

违反《电力建设安全工作规程　第 2 部分：电力线路》（DL 5009.2—2013）7.1.1 条第 10 款：跨越架应经使用单位验收合格后方可使用。

图 24－53　省道无跨越架进行张力放线施工

图 24－54　跨越架未经验收合格投入使用

3. 停电封网未经验电，作业人员进行接地作业

违反《电力建设安全工作规程　第 2 部分：电力线路》（DL 5009.2—2013）8.3.7 条第 1 款：验明线路确无电压后，施工人员应立即在作业范围的两端挂工作接地线，同时将三相短路。

4. 跨越电气化铁路、高速公路、110kV 及以上带电线路施工，施工、监理单位相关领导未按要求到岗督查（见图 24－55）

违反《国家电网公司输变电工程施工安全风险识别、评估及预控措施管理办法》（国网（基建/3）176—2019）第二十六条第五款：省公司级单位基建管理部门、建设管理单位、监理、施工企业相关管理人员，按职责要求监督检查四级风险作业现场。

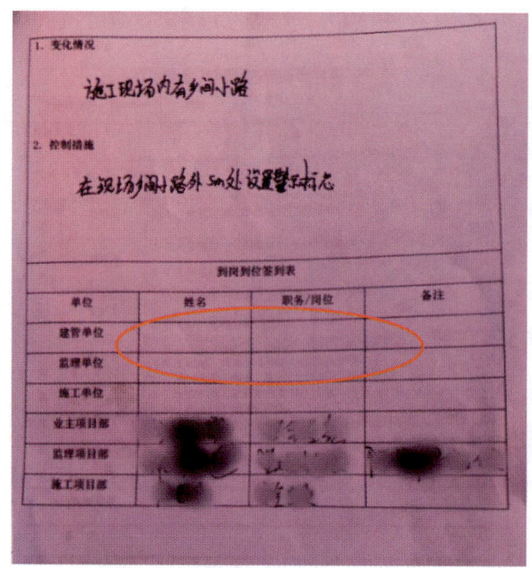

1. 变化情况

施工现场内有乡间小路

2. 控制措施

在现场乡间小路外5m处设置警示标志

到岗到位签到表

单位	姓名	职务/岗位	备注
建管单位			
监理单位			
施工单位			
业主项目部			
监理项目部			
施工项目部			

图 24－55　四级风险施工监理、施工单位相关领导未到岗督查

5. 跨越 110kV 及以上带电线路停电封网作业未收到运检单位允许作业命令就私自进行作业，未接到停电命令就开始跨越施工

违反《电力建设安全工作规程　第 2 部分：电力线路》（DL 5009.2—2013）8.3.5 条：在未接到停电许可工作命令前，严禁任何人接近带电体。

6. 带电跨越 110kV 带电线路施工作业前未进行风险预警，施工作业票未签发就组织施工作业

违反《国家电网公司输变电工程施工安全风险识别、评估及预控措施管理办法》（国网（基建/3）176—2019）第十九条第一款：作业开展前七天，施工项目部将三级及以上风险作业计划报业主、监理项目部及本单位；业主、监理项目部收到作业计划后分别报上级主管单位。

7. 高速公路、铁路跨越架封网不规范，封网宽度不满足要求（见图 24－56）

违反《电力建设安全工作规程　第 2 部分：电力线路》（DL 5009.2—2013）7.1.1 条第 7 款：跨越架的中心应在线路中心线上，宽度应考虑施工期间牵引绳或导线风偏后超出新建线路两边线各 2.0m，且架顶两侧应设外伸羊角。

图 24－56　跨越架封网不规范，封网宽度不满足要求

8. 带电作业未办理电力线路第二种工作票，未退出重合闸

（1）违反《电力建设安全工作规程　第 2 部分：电力线路》（DL 5009.2—2013）8.2.3 条：跨越不停电电力线路施工应按现行国家标准《电力安全工作规程　电力线路部分》（GB 26859）规定的“电力线路第二种工作票”制度执行。

（2）违反《电力建设安全工作规程　第 2 部分：电力线路》（DL 5009.2—2013）8.2.4 条：跨越不停电力线路，在架线施工前，施工单位应向运行单位书面申请该带电线路退出重合闸，待落实后方可进行不停电跨越施工。

9. 跨电力越档两端未使用专用接地滑车（见图 24－57）

违反《电力建设安全工作规程　第 2 部分：电力线路》（DL 5009.2—2013）8.1.3 条：跨越档两侧杆塔上的放线滑车、牵张设备、机动绞磨均应采取接地保护措施。跨越施工前，接地装置应安装完毕且与杆塔可靠连接。

（二）安全控制措施

（1）编制专项施工方案，跨越架应有受力计算，强度应足够，能够承受牵张过程中断线的冲击力，施工单位还需组织专家进行论证和审查。

（2）跨越不停电电力线路，在架线施工前，施工单位应向运维单位书面申请该带电线路退出重合闸，许可后方可进行不停电跨越施工。施工期间发生故障跳闸时，在未取得现场指挥同意前不得强行送电。

图 24－57　跨地档两端放线滑车及张力机未接地

（3）搭设跨越架，事先与被跨越设施的单位取得联系，必要时请其派员监督检查，配合组织跨越施工。各相关部门派人经过现场实地勘测后方可施工，施工必须经过各相关部门批准。严格按已批准的施工方案组织施工，施工过程中施工负责人不得擅自变更、简化施工作业程序。

（4）组织全体施工人员认真学习施工组织方案、施工项目、作业内容、施工流程、影响设备范围、风险源及风险卡控制措施等，明确每位成员的岗位职责。

（5）遇雷电、雨、雪、霜、雾，相对湿度大于 85%或 5 级以上大风天气时，严禁进行不停电跨越作业。

（6）跨越档两端铁塔的附件安装必须进行两道防护，并采取有效接地措施。

（7）安全监护人必须到岗履职，防止操作人员误登带电侧。

（8）施工使用各类绳索，其尾端应采取固定措施，防止滑落、飘移至带电体。

（9）导引绳通过跨越架必须使用绝缘绳做引绳，最后通过跨越架的导线、地线、引绳或封网绳等必须使用绝缘绳做控制尾绳。架线过程中，不停电跨越位置处、跨越档两端铁塔应设专人监护。监护人应配备通信工具，且应保持与现场指挥人的联系畅通。

（10）在带电线路上方的导线上测量间隔棒距离时，禁止使用带有金属丝的测绳和皮尺。

（11）架线过程中，不停电跨越位置处、跨越档两端铁塔应设专人监护。监护人应配备通信工具，且应保持与现场指挥人的联系畅通。

（12）跨越架与 110kV 及以上运行电力线等的最小安全距离应符合规定要求。

（13）封网所使用的网片及承力绳保持干燥。承力绳及网片对被跨越物按规定保持足够的安全距离。

（14）紧线过程人员不得站在悬空导线、地线的垂直下方，不得跨越将离地面的导线或地线，人员不得站在线圈内或线弯的内角侧。

（15）架线附件安装时，作业区间两端应装设保安接地线。施工线路有高压感应电时，应在作业点两侧加装接地线。

（16）地线有放电间隙的情况下，地线附件安装前应采取接地措施。

（17）接到运行单位停电工作命令票后，用检验合格的同等电压等级的验电笔分别在电力线逐相进行验电，确认线路无电压后，分别在被跨越档的两侧挂接地线。顺序为：先挂接地端，后挂导线端，拆除接地时先拆导线端，后拆接地端。

（18）施工任务完成后，拆除被跨线路上的接地线及临时附着物，确认无误后，方可通知送电。

（19）跨越施工前应按线路施工图中交叉跨越点断面图，对跨越点交叉角度、被跨越不停电电力线路架空地线在交叉点的对地高度、下导线在交叉点的对地高度、导线边线间宽度、地形等情况进行复测。

（20）跨越档相邻两侧杆塔上的放线滑车、牵张设备、机动绞磨等均应采取接地保护措施。跨越施工前，铁塔接地装置应安装完毕且与杆塔可靠连接。

（21）起重工具和临时地锚应根据其重要程度将安全系数提高20%～40%。

（22）绝缘绳、网每次使用前，应进行检查，有严重磨损、断股、污秽及受潮时禁止使用。绝缘绳、网在现场应按规格、类别及用途整齐摆放，并采取有效的防水措施。牵引绳及承力工器具应进行逐盘（件）检查，不符合的工器具禁止使用。

（23）封网宽度在考虑风偏后应超出新建线路两边线各2m，在跨越电10kV及以上电力线的跨越架上使用绝缘绳、绝缘网封顶时，满足下列规定：

1）绝缘绳、网与导线、地线的最小垂直距离应考虑事故状态下和雨季绝缘网受潮后驰度的增加。

2）跨越架架面（含拉线）距被跨电力线路导线之间的最小安全距离在考虑施工期间的最大风偏后不得小于表24－2的规定。

表24－2　　跨越架与带电力线路导线、地线的最小安全距离（m）

跨越架部位	被跨越电力线电压等级（kV）					
	≤10	35	65～110	220	330	500
架面（含拉线）与导线的水平距离	1.5	1.5	2.0	2.5	5.0	6.0
天地线时，封顶网（杆）与导线的垂直距离	1.5	1.5	2.0	2.5	4.0	5.0
有地线时，封顶网（杆）与地线的垂直距离	0.5	0.5	1.0	1.5	2.6	3.6

（24）高空压接必须双锚。跨越施工完毕后，应尽快将带电线路上方的绳、网拆除并回收。

（25）跨越架强度应能够承受牵张过程中断线或跑线时的冲击力。

（26）跨越架设置防倾覆措施。跨越架悬挂醒目的安全警告标志、夜间警示装置和验收标志牌；跨越公路的跨越架，在高速公路前方距跨越架适当距离设置提示标志。

（27）跨越架横担中心设置在新架线路每相（极）导线的中心垂直投影上。

（28）跨越架架顶要设置导线防磨措施。跨越架的中心应在线路中心线上，宽度考虑施工期间牵引绳或导地线风偏后超出新建线路两边线各 2.0m，且架顶两侧设外伸羊角。

（29）安装完毕后经检查验收合格后方准使用。

（30）附件安装完毕后，方可拆除跨越架。

（31）跨越施工时导引绳、牵引绳安全系数不得小于 3.5。旋转连接器不允许进张牵轮。

（32）放线过程中，沿途对牵引板过滑车、过跨越架及接地危险处应严加监视，并应通知牵引场控制速度。

（33）施工前对牵张设备的受力情况进行检验，保证其准确性，经常检查液压油的洁净性。太脏时要过滤或换油，以防止失压跑线。

（34）牵放过程中，跨越档和沿途经过居民区或交通路口时，应设专人把守，以防有人攀线（绳）玩耍。

（35）强风、暴雨过后，跨越架应经验收，确认合格后方可使用。跨越架的验收应对照跨越电力线路跨越架搭设验收表进行验收签证。

（36）跨越架搭设完毕后，指定专人日夜看护，必要时调整承网绳，直至跨越架拆除。雨天时，若网、绳受潮后弧垂加大，防护网必须用收网绳收紧，必要时收紧承网绳。

（37）张力放线的全过程应有专人手持对讲机监护跨越架，牵引场、张力场应听从跨越场指挥，有危险情况立即通知牵引场、张力场停机。放线过程中及过夜期间，导、地线弧垂要高于防护网并保持至少 3.0m 裕度，以防磨损防护网。

（38）进入施工现场人员必须戴安全帽，穿胶底鞋，高空作业必须扎安全带。作业时安全带打在牢固的地方，防止高处坠落。

（39）使用牵引绳、钢丝绳、绝缘绳等所有工器具必须有检验合格证明，方可使用。技术、安全、质量专责人员必须在现场负责各自专项工作。

（40）封网、拆网的施工操作全过程中，必须有被跨越物管理部门的人员在场监督和指导。跨越架处必须设置应急联络牌、验收牌，注明本工程施工负责人、驻站联络员、工地防护员、风险源、应急电话、简明应急处理措施等相关信息。

（41）安全防护网两端地锚必须规范牢固，严格按施工方案要求施工，两端地锚处必须搭设看守棚，安排专人驻守，分两班 24 小时看护。每日对安全防护网地锚及固定处拉力、承网绳、安全网及施工现场分阶段巡视、检查，如遇下雨、大风等恶劣天气应不间断巡视，防止发生意外。发现异常及时处理，防止人为破坏和意外损坏。两端看守棚处均应设置应急联络牌，看守人员应配备通信工具。

（42）安全防护用具、工器具、设备必须按照方案中规定的规格型号进行使用，不能以小代大。

（43）作业期间要时刻注意安全网和被跨越公路间的距离及防护网的受力情况，发现隐患及时进行处理。

（44）在展放牵引绳、导线和地线时如遇大风，应指定专人监视牵引绳、导线和地线的风偏。如有可能偏出安全网，应适当增加张力或停止工作。

（45）牵引绳、导线和地线在展放过程中，禁止与承网绳、安全网接触，防止磨伤。

四、放线施工

（一）典型违章及违反条款

1. 张力场吊车接地棒入土深度不符合安规要求（见图 24－58）

违反《电力建设安全工作规程　第 2 部分：电力线路》（DL 5009.2—2013）7.9.2 条第 3 款：接地棒应镀锌，直径不应小于 12mm，插入地下的深度应大于 0.6m。

2. 旋转连接器缺轴套（见图 24－59）

违反《电力建设安全工作规程　第 2 部分：电力线路》（DL 5009.2—2013）3.4.29 条第 1 款：旋转连接器使用前，检查外观应完好无损，转动灵活无卡阻现象。

图 24－58　吊接地棒入土深度 0.3m，不符合安规要求

图 24－59　旋转连接器缺轴套，外观不完整

3. 接地线与接地滑车连接采用缠绕连接方式（见图 24－60）

违反《电力建设安全工作规程　第 2 部分：电力线路》（DL 5009.2—2013）7.9.2 条第 2 款：接地线不得用缠绕连接，应使用专用夹具，连接应可靠。

4. 带电跨越 10kV 及以上电压等级电力线未搭设跨越架（见图 24－61）

违反《国家电网公司电力安全工作规程（电网建设部分）（试行）》10.9.7 条：若放线通道中有带电线路和带电设备，应与之保持安全距离，无法保证安全距离时应采取搭设跨越架等措施或停电。

图 24－60　接地线与接地滑车连接采用缠绕连接

图 24－61　跨越 10kV 带电线路未搭设跨越架

5. 塔上导线临时锚固未采取两道保护措施（见图 24－62）

违反《电力建设安全工作规程　第 2 部分：电力线路》（DL 5009.2—2013）7.8.6 条：高空锚线必须有两道保护措施。

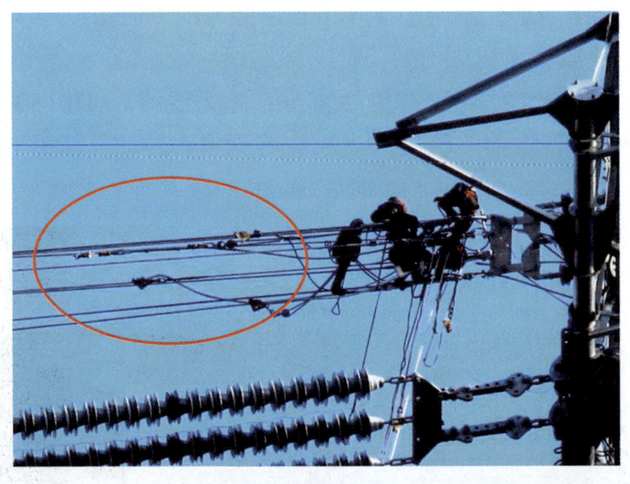

图 24－62　导线临锚未采取独立的两道保护措施

6. 未使用专用吊具吊装导线盘，吊装用钢丝绳金钩弯折（见图 24－63）

违反《电力建设安全工作规程　第 2 部分：电力线路》（DL 5009.2—2013）3.4.20 条第 4 款：钢丝绳（套）有下列情况之一者应该报废：

3）笼状畸形、严重扭结或金钩弯折。

7. 张牵车固定时卸扣横向受力（见图 24－64）

违反《电力建设安全工作规程　第 2 部分：电力线路》（DL 5009.2—2013）3.4.24 条第 2 款：不得横向受力。

8. 手扳葫芦尾链及把手未固定（见图 24－65）

违反《电力建设安全工作规程　第 2 部分：电力线路》（DL 5009.2—2013）3.4.25 条第 7 款：带负荷停留较长时间或过夜时，应采用手拉链或扳手绑扎在起重链上，并采取保险措施。

9. 绞磨转动部位防护罩缺失（见图 24－66）

违反《电力建设安全工作规程 第 2 部分：电力线路》（DL 5009.2—2013）3.4.6 条：电力机具的转动部分应装设保护护罩或遮栏，并保持润滑。

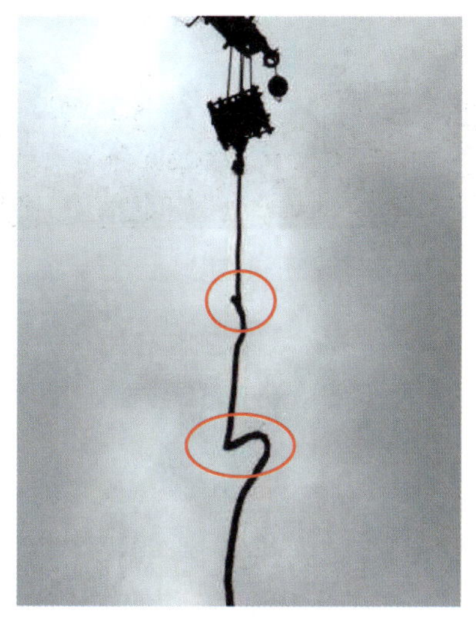

图 24－63 未使用专用吊具吊装导线盘，吊装用钢丝绳金钩弯折

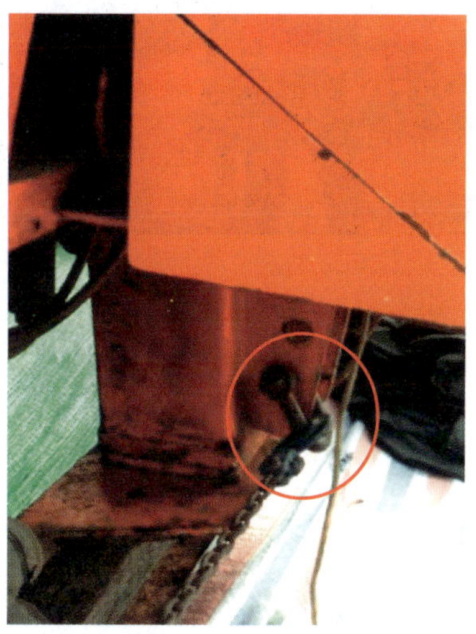

图 24－64 卸扣横向受力

图 24－65 手扳葫芦尾链及把手未固定

图 24－66 绞磨转动部位防护罩缺失

10. 牵引机、张力机接地滑车未正常使用（见图 24－67）

违反《国家电网公司电力安全工作规程（电网建设部分）（试行）》10.10.4 条：张力放线时的接地应遵守下列规定：

c）牵引机及张力机出线端的牵引绳及导线上应安装接地滑车。

图 24－67 牵引机、张力机接地滑车未正常使用

11. 现场导线摆放不规范，未采取有效防滚动措施（见图 24－68）

违反《电力建设安全工作规程 第 2 部分：电力线路》（DL 5009.2—2013）3.2.2 条：线盘放置的地面应平整、坚实，滚动方向前后均应掩牢。

12. 架线工器具无检验标识，个别滑车变形严重（见图 24－69）

（1）违反《国家电网公司电力安全工作规程（电网建设部分）（试行）》5.3.1.6.1 条：滑车应按铭牌规定的允许负载使用，如无铭牌，应经计算和试验后重新标识方可使用。

（2）违反《电力建设安全工作规程 第 2 部分：电力线路》（DL 5009.2—2013）3.4.23 条第 2 款：滑车有下述情况之一时应报废：裂纹。

图 24－68 现场导线摆放未采取有效防滚动措施

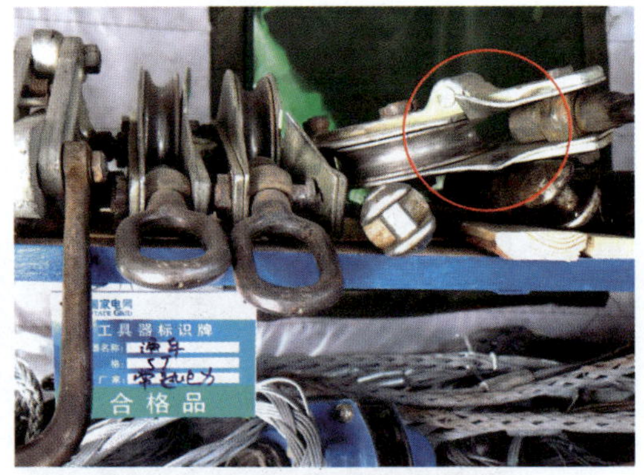

图 24－69 架线工器具无检验标识，个别滑车变形严重

13. 线盘架未采取必要的稳固措施（见图 24－70）

违反《电力建设安全工作规程 第 2 部分：电力线路》（DL 5009.2—2013）7.2.3 条：线盘架应稳固，转动灵活，制动可靠，必要时打上临时拉线固定。

（二）安全控制措施

（1）施工方案履行编审批流程，并按专家审查意见修改后实施。

（2）对施工人员进行安全技术交底。

（3）开工前对施工机具进行全面检查，检查放线滑车的外观、轮槽、开门装置，对不合格的放线滑车及时进行更换。

（4）核查劳务分包基层作业班组骨干人员配置、作业人员数量是否满足施工要求及特殊工种持证上岗情况。

（5）进入施工现场人员必须正确佩戴安全帽，穿胶底鞋。

（6）高空作业（离地 2.0m 以上高处作业）人员必须做好两道安全防护措施（除正确系挂全方位安全带外，还应正确绑系安全防护绳索或速差保护器），全方位安全带应挂在牢靠的部件上，不得低挂高用。

图 24-70　线盘架未采取必要的稳固措施

（7）所有的安全防护用品、用具都必须是合格产品，且通过有关试验检测。

（8）进入施工现场的工器具及设备应进行认真、全面的检查，确认配套工器具及设备全部完好、合格才能使用。严禁不合格工器具及设备进入施工现场。

（9）架线开始前所有的受力工器具按要求进行检验。特别是钢丝绳连接套、走板、各种连接器、导引绳和牵引绳的插接式绳扣，每次使用前均应严格检查，按规定方式安装和使用，并按 DL/T 875 的规定定期做荷载试验。

（10）施工过程中，现场安全员要经常检查工器具及设备的完好性，有损坏的应及时更换。

（11）工器具严禁以小代大使用，搬运、转移时不得抛扔。

（12）牵引机、张力机机体应接地，牵引机、张力机前方的牵引绳和导线上应分别安装接地滑车。

（13）人员应站在干燥的绝缘板上操作牵张机，站在地面上的人不应与操作人员接触，被跨越电力线路两侧的放线滑车应接地。

（14）跨越架的搭设应遵循施工技术方案进行搭设，搭设过程应有必要的安全监护。

（15）搭带电跨越架，严禁施工人员从靠近带电线路侧上下或操作。封顶施工应用绝缘体或绝缘绳过渡，严禁用钢丝绳直接从带电线路抛扔过去。

（16）公路跨越架架体的四个架面应挂“严禁攀爬”字样，并在前后 100m 的路旁设醒目的路障标志。带电跨越架的四个架面应设有标志，写清“有电危险、严禁攀爬”的字样。

（17）一切跨越架必须经过项目部技术部门和监理检查、验收合格后，方可使用。强风、暴雨过后应对跨越架进行检查，确认无问题后方可继续使用。

（18）跨越架拆除应自上而下逐根进行，架材应有专人传递，不得抛扔。严禁上下同时拆架或将跨越架整体推倒。

（19）组长必须由技工担任，并随时注意放线进展。

（20）放线人员应走在同一直线上，相互间保持适当距离。

（21）通过跨越架应采取两导引绳在跨越架旁对接，尽量避免导引绳在跨越架上拖拉。

（22）通过带电架应用绝缘绳过渡，严禁采取直接抛扔。牵张过程应密切注意导引绳在跨越架上的弧垂，谨防导引绳与带电线路的距离小于安全距离。

（23）导引绳严禁从带电线路下方穿过。

（24）牵引场、张力场地必须有可靠的通信系统，牵引场、张力场操作必须由专人指挥。

（25）牵引场、张力场设备必须锚固，并支撑稳固。

（26）导引绳与牵引绳的端头连接部位、旋转连接器及抗弯连接器（注意销钉端在后）在使用前应由专人检查，钢丝绳损伤、销子变形、表面裂纹等严禁使用。

（27）各塔位护线人员在岗到位，且通信联络畅通。

（28）转角塔的预偏及上扬处的压线措施必须可靠，必须设专人监护。

（29）导引绳余线应尽量置于牵引侧，且散开；线圈内严禁站人。

（30）牵引过程接到任何岗位的停机信号都必须立即停止牵、张；在弄清停机及问题处理妥当前，严禁开机。

（31）导引绳被悬挂于树木或被夹在石缝中时，处理人员应站在线弯的受力外侧。

（32）导线或牵引绳带张力过夜时，必须采取临锚安全措施。

（33）旋转连接器严禁直接进入牵引轮或卷筒。

（34）牵引过程中发生跳槽、走板翻转或平衡锤搭在导线上等情况时，必须停机处理。

（35）导引绳、牵引绳或导线临锚时，其临锚张力不得小于对地距离为 5m 时的张力，同时应满足对被跨越物距离的要求。

（36）升空作业时必须使用压线装置。

（37）导线升空作业应与紧线作业密切配合并逐根进行；在转角杆塔档内升空作业时，导线的线弯内角侧不得有人。

（38）压线滑车应设控制绳，压线钢丝绳回松应缓慢。

五、紧挂线施工

（一）典型违章及违反条款

1. 紧线施工时，高空压接平台未安装护栏（见图 24－71）

（1）违反《国家电网公司电力安全工作规程（电网建设部分）（试行）》4.1.10 条：高处作业的平台、走道、斜道等应装设不低于 1.2m 高的护栏（0.5m～0.6m 处设腰杆），并设 180mm 高的挡脚板。

（2）违反《高处作业吊篮》（GB 19155—2017）7.1.3 条：平台四周应安装护栏、中间护栏和踢脚板。护栏高度不应小于 1000mm，……中间护栏与护栏和踢脚板间的距离应不大于 500mm。

（3）违反《高处作业吊篮》（GB 19155—2017）7.1.4 条：踢脚板应高于平台底板表面 150mm。

2. 紧线施工时，导线压接未采取防跑线措施（见图 24－72）

（1）违反《国家电网公司电力安全工作规程（电网建设部分）（试行）》10.4.3 条：

高空压接应遵守以下规定：d）导线应有防跑线措施。

（2）违反《电力建设安全工作规程　第 2 部分：电力线路》（DL 5009.2—2013）7.8.6 条：高空锚线必须有两道保护措施。

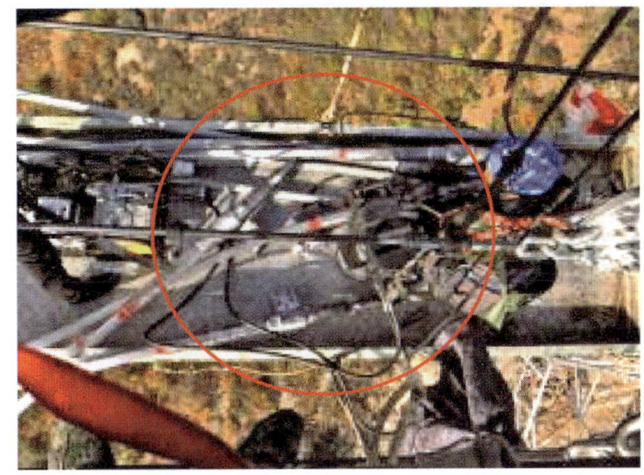

图 24－71　高空平台没有安装护栏

图 24－72　导线压接未采取防跑线措施

3. 紧线施工时，带张力开断导线（见图 24－73）

违反《国家电网公司电力安全工作规程（电网建设部分）（试行）》10.9.6 条：拆除旧导线、地线应遵守下列规定：a）禁止带张力断线。

4. 紧线施工时，用材料环代替卸扣，钢丝绳直接接触铁塔塔材（见图 24－74）

（1）违反《电力建设安全工作规程　第 2 部分：电力线路》（DL 5009.2—2013）7.7.3 条：无施工孔时，承力点位置应符合作业指导书的规定，并在绑扎处衬垫软物。

（2）违反《电力建设安全工作规程　第 2 部分：电力线路》（DL 5009.2—2013）3.4.24 条第 5 款：严禁用普通材料的螺栓取代卸扣销轴。

图 24－73　带张力开断导线

图 24－74　用材料环代替卸扣，钢丝绳直接接触铁塔塔材

5. 紧线前，导线未采用不等张力分别错开（见图 24－75）

违反《1000kV 架空输电线路张力架线施工工艺导则》（Q/GDW 10154—2017）6.4.16 条：同相各子导线锚线张力宜稍有差异，使子导线空间位置错开，避免发生线间鞭击。

6. 紧线时，监护人员站在悬空导线的垂直下方（见图 24－76）

违反《电力建设安全工作规程　第 2 部分：电力线路》（DL 5009.2—2013）7.6.4 条：

紧线过程中监护人员应遵守下列规定：1 不得站在悬空导线、地线的垂直下方。

图 24－75 导线未采用不等张力分别错开

图 24－76 紧线时，监护人员站在悬空导线的垂直下方

图 24－77 跨越档相邻两侧杆塔上的放线滑车未设置接地保护措施

7. 跨越档相邻两侧杆塔上的放线滑车未设置接地保护措施（见图 24－77）

违反《电力建设安全工作规程 第 2 部分：电力线路》（DL 5009.2—2013）8.1.3 条：跨越档相邻两侧杆塔上的放线滑车、牵张设备、机动绞磨等均应采取接地保护措施。

8. 耐张塔挂线前，未用导体将耐张绝缘子串短接（见图 24－78）

违反《电力建设安全工作规程 第 2 部分：电力线路》（DL 5009.2—2013）7.9.4 条第 2 款：紧线时的接地遵守下列规定：2 耐张塔挂线前，应用导体将耐张绝缘子串短接。

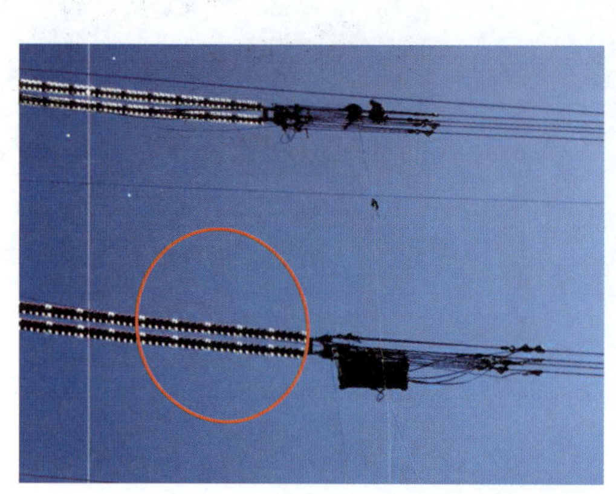

图 24－78 耐张塔挂线前未用导体将耐张绝缘子串短接

9. 接地线采用缠绕法连接，未使用专用夹具（见图 24－79）

违反《国家电网公司电力安全工作规程（电网建设部分）（试行）》10.10.3 条：装设接地装置应遵守下列规定：a）接地线不得用缠绕法连接，应使用专用夹具，连接应可靠。

图 24－79　接地线采用缠绕法连接，未使用专用夹具

（二）安全控制措施

1. 紧线的准备工作应遵守的规定

（1）杆塔的部件应齐全，螺栓应紧固。

（2）紧线杆塔的临时拉线和补强措施以及导线、地线的临锚应准备完毕。

（3）紧线施工时，严禁用材料环代替卸扣，钢丝绳不应直接接触铁塔塔材。

（4）同相各子导线锚线张力宜稍有差异，使子导线空间位置错开，避免发生线间鞭击。

（5）跨越档相邻两侧杆塔上的放线滑车、牵张设备、机动绞磨等均应采取接地保护措施。

（6）接地线不得用缠绕法连接，应使用专用夹具，连接应可靠。

2. 挂线施工应遵守的规定

（1）挂线时，当连接金具接近挂线点时应停止牵引，然后作业人员方可从安全位置到挂线点操作。

（2）挂线后应缓慢回松牵引绳，在调整拉线的同时应观察耐张金具串和杆塔的受力变形情况。

（3）待割的导线应在断线点两端事先用绳索绑牢，割断后应通过滑车将导线松落至地面。

（4）高处断线时，作业人员不得站在放线滑车上操作。割断最后一根导线时，应注意防止滑车失稳晃动。

（5）紧线过程中，监护人员和施工人员不得站在悬空导线、地线的垂直下方。

（6）耐张塔挂线前，应用导体将耐张绝缘子串短接，并在作业后及时拆除。

3. 高空压接应遵守的规定

（1）液压机升空后应做好悬吊措施，起吊绳索作为两道保险。

（2）高空人员压接工器具及材料应做好防坠落措施。

（3）导线应有防跑线措施。

（4）高空压接平台四周应安装护栏、中间护栏和踢脚板。护栏高度不应小于1000mm，测量值为护栏上部至平台底板表面的距离。中间护栏与护栏和踢脚板之间的距离应不大于500mm。踢脚板应高于平台底板表面150mm。

六、附件安装

（一）典型违章及违反条款

1. 安装导线间隔棒时，在带电线路上使用带钢丝绳的测绳测量间隔棒距离（见图24－80）

违反《电力建设安全工作规程　第2部分：电力线路》（DL 5009.2—2013）7.7.6条：在带电线路上方的导线上测量间隔棒距离时，应使用干燥的绝缘绳，严禁使用带有金属丝的测绳、皮尺。

2. 附件安装时，导线提线未采取防坠落措施（见图24－81）

违反《电力建设安全工作规程　第2部分：电力线路》（DL 5009.2—2013）7.7.5条：在跨越电力线、铁路、公路或通航河流等的线段杆塔上安装附件时，应采取防止导线或地线坠落的措施。

图24－80　在带电线路上方使用非绝缘绳索测量距离

图24－81　提线时，导线未采取防坠落措施

3. 安装导线间隔棒时，作业人员安全带和后备保护绳使用不规范（见图24－82）

违反《电力建设安全工作规程　第2部分：电力线路》（DL 5009.2—2013）7.7.4条：安装间隔棒时，安全带应挂在一根子导线上，后备保护绳应拴在整相导线上。

4. 耐张塔一侧导线紧线后，未紧线侧未安装临时拉线（见图24－83）

违反《电力建设安全工作规程　第2部分：电力线路》（DL 5009.2—2013）7.6.1条：紧线的准备工作应遵守下列规定：3　紧线杆塔的临时拉线和补强措施以及导线、地线的临锚准备应设置完毕。

图 24－82　高空作业人员安全防护用具使用不规范

图 24－83　一侧紧线后，另一侧未安装临时拉线

5. 同塔同时在同一垂直面上进行双层或多层作业（见图 24－84）

违反《1000kV 架空输电线路张力架线施工工艺导则》（Q/GDW 10154—2017）9.3.6 条：附件安装过程中的主要安全措施：d）避免同塔同时在同一垂直面上进行双层或多层作业。

图 24－84　同塔同时在同一垂直面上进行双层或多层作业

6. 附件安装跳线时，耐张塔两侧导线未设置临时接地的封闭区间（见图 24－85）

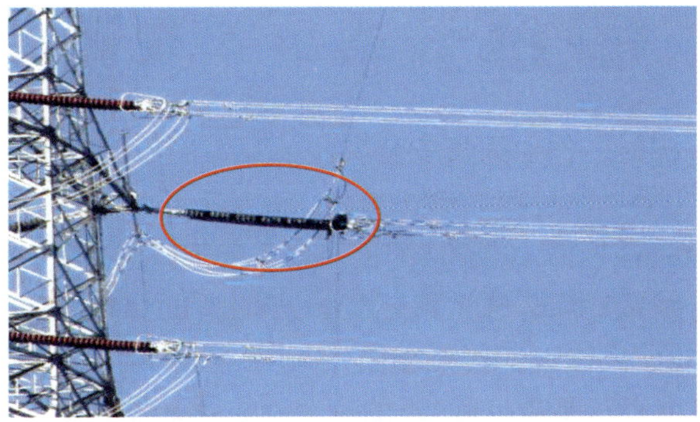

图 24－85　附件安装跳线时，耐张塔两侧导线未设置临时接地

违反《1000kV 架空输电线路张力架线施工工艺导则》（Q/GDW 10154—2017）9.3.7 条：防止电害的基本措施如下：j）附件安装中的所有作业，均必须在两端都设有临时接地的封闭区间内进行。

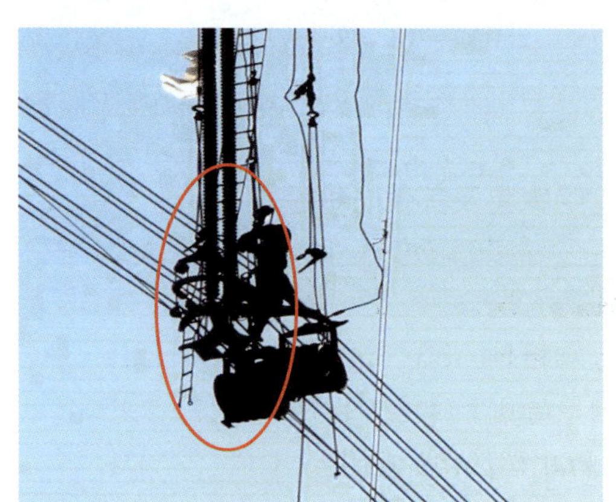
图 24－86 附件安装时未做好两道保护

7. 附件安装时，未做好两道保护（见图 24－86）

违反《1000kV 架空输电线路张力架线施工工艺导则》（DL/T 5290—2013）7.3.6 条：附件安装过程中的主要安全措施如下：1 附件安装过程中，特别是重要交叉跨越处要做好两道保护。

（二）安全控制措施

（1）相邻杆塔不得同时在同相（极）位安装附件，作业点垂直下方不得有人。

（2）提线工器具应挂在横担的施工孔上提升导线；无施工孔时，承力点位置应满足受力计算要求，并在绑扎处衬垫软物。

（3）在带电线路上方的导线上测量间隔棒距离时，应使用干燥的绝缘绳，禁止使用带有金属丝的测绳、皮尺。

（4）在跨越电力线、路、公路或通航河流等的线段杆塔上安装附件时，应采取防止导线或地线坠落的措施。

（5）附件安装时，安全绳或速差自控器应拴在横担主材上。安装间隔棒时，安全带应挂在一根子导线上，后备保护绳应拴在整相导线上。

（6）割断后的导线应在当天挂接完毕，不得在高处临锚过夜。

（7）高空锚线应有两道保护措施。

（8）应避免同塔同时在同一垂直面上进行双层或多层作业。

（9）附件安装中的所有作业，均必须在两端都设有临时接地的封闭区间内进行。

第四节 线路参数测试

一、典型违章及违反条款

1. 线路参数测试区域未有效隔离

违反《电力建设安全工作规程 第 3 部分：变电站》（DL 5009.3—2013）5.4.2 条第 3 款：高压引线的接线应牢固并应尽量缩短，高压引线应绝缘，现场高压试验区域应设置遮栏，向外悬挂“止步，高压危险！”的安全标志牌，并设专人看护。合闸前应先检查接线，将调压器调至零位，并通知现场人员离开高压试验区域。

2. 线路参数测试设备未可靠接地

违反《电力建设安全工作规程　第 3 部分：变电站》（DL 5009.3—2013）5.4.2 条第 2 款：高压试验设备的接地端和试品接地端或外壳应可靠接地，接地线应采用多股编织裸铜线或外覆透明绝缘层的铜质软绞线或铜带，接地线的截面积应能满足试验要求，但不得小于 $4mm^2$。动力配电装置上所用的接地线，其截面积不得小于 $25mm^2$。

3. 线路参数测试未使用绝缘鞋、绝缘手套、绝缘垫及其他防护手段

违反《1000kV 交流架空输电线路工频参数测量导则》（DL/T 1179—2012）5.1.1 条：使用绝缘鞋、绝缘手套、绝缘垫及其他防护手段。

4. 试验接线和拆除试验接线时被试线路未可靠接地

违反《1000kV 交流架空输电线路工频参数测量导则》（DL/T 1179—2012）5.1.5 条：试验接线工作应在被试线路接地的情况下进行，防止感应电压触电。

二、线路参数测试主要安全控制措施

（1）测试作业前应编制线路参数测试方案，并经过审批。

（2）测试人员应具有相应的资质和能力，并按规定完成进场报审和安全技术交底。试验设备应检验合格并按规定完成进场报审。

（3）测试作业人员应使用绝缘鞋、绝缘手套、绝缘垫及其他防护手段。

（4）测试现场及沿线有雨、雪、雷电活动时应停止测量。

（5）在测试过程中，不做测量时引下线应可靠接地，保证人员与设备安全。

（6）针对不同性质的干扰和不同的测量项目，宜采取相应的安全防护措施，如测量正序参数时试验电源中性点接地，测量绝缘电阻时首端并接电容器等措施。

（7）试验接线、拆除工作应在被试线路接地的情况下进行，防止感应电压触电。所有引线应有足够的截面，且连接可靠。测量用导线应能耐受试验电压或用绝缘带悬挂。

（8）1000kV 交流架空输电线路一般情况下距离较长，沿途与多条交流输电线路平行或交叉跨越，可能产生较大感应电压。试验时，被试线路电磁感应电压不应超过 1000V。如果电磁感应电压超过 1000V，则需要停运对被试线路电磁感应电压影响严重的距离较近且平行距离较长的其他线路，直至满足要求。

（9）每次测量均应在首末两端进行联系，确认准确无误后，方可进行加压测试。试验内容中每一项试验结束后，均应在线路末端三相接地。

（10）做好测试区域的隔离和现场监护工作，安全监护应专人负责；线路首末两端测试人员禁止触碰与本项测试无关的设备。

（11）测试工作完全结束后，确认设备连线、设备状态等已恢复到初始状态。

（12）在测试期间，视线路为连续带电状态，要加强安全监护，严禁在参数测试期间登塔作业。

（13）所有临时接地线进行统一编号，建立拆、装施工临时接地线的专门台账，并指定专人负责，参数测试前后应确认施工临时接地线的拆、装情况。

（14）接到恢复施工明确指令后，方可恢复施工。恢复施工前，应对线路进行验电、挂临时接地线，避免感应电危及施工安全。

附 录

附录1 安全生产法律法规清单（国家法律）

序号	文件名	文号/颁布时间	对应章节
1	中华人民共和国刑法	2017 年修正版	第一章
2	中华人民共和国安全生产法	2014 年 13 号主席令	第三章
3	中华人民共和国消防法	2008 年 6 号主席令	
4	中华人民共和国特种设备安全法	2013 年 4 号主席令	
5	中华人民共和国电力法	2018 年 12 月 29 日修正	
6	中华人民共和国突发事件应对法	2007 年 69 号主席令	
7	中华人民共和国劳动法	2018 年 12 月 29 日修改	第二章
8	中华人民共和国网络安全法	2016 年 53 号主席令	
9	最高人民法院、最高人民检察院关于办理危害生产安全刑事案件适用法律若干问题的解释	法释〔2015〕22 号	
10	中华人民共和国建筑法	2011 年 46 号主席令，2019 年 4 月 23 日修正	第四章
11	中华人民共和国环境保护法	2014 年 9 号主席令	
12	中华人民共和国投标招标法	2017 年 12 月 27 日修正	
13	中华人民共和国国家安全法	2015 年 29 号主席令	
14	中华人民共和国劳动合同法	2012 年 73 号主席令	
15	中共中央 国务院关于推进安全生产领域改革发展的意见	中发〔2016〕32 号	第十二章
16	中华人民共和国宪法(2018 修正)	全国人民代表大会公告第 1 号	

附录2　安全生产法律法规清单（行政法规）

序号	文件名称	文号/颁布时间	备　注	对应章节
1	电力设施保护条例	中华人民共和国国务院令第588号	2011修订	
2	安全生产许可证条例	中华人民共和国国务院令第397号	2004年1月13日中华人民共和国国务院令第397号公布　根据2013年7月18日《国务院关于废止和修改部分行政法规的决定》第一次修订　根据2014年7月29日《国务院关于修改部分行政法规的决定》第二次修订	
3	危险化学品安全管理条例	中华人民共和国国务院令第344号	2002年1月26日中华人民共和国国务院令第344号公布　2011年2月16日国务院第144次常务会议修订通过　根据2013年12月7日《国务院关于修改部分行政法规的决定》修订	
4	消防安全责任制实施办法	国办发〔2017〕87号		
5	电力安全事故应急处置和调查处理条例	2011年国务院令第599号		第七章
6	生产安全事故报告和调查处理条例	2007年国务院令第493号		第五章
7	电网调度管理条例	中华人民共和国国务院令第115号	1993年6月29日中华人民共和国国务院令第115号发布　根据2011年1月8日国务院令第588号《国务院关于废止和修改部分行政法规的决定》修订	
8	突发事件应急预案管理办法	国办发〔2013〕101号		第十五章
9	生产安全事故应急条例	2019国务院令第708号		
10	建设工程安全生产管理条例	2003年国务院令第393号		第六章

附录3 安全生产法律法规清单（部委规章）

序号	部门规章名称	文号/颁布时间	备注	对应章节
1	安全生产违法行为行政处罚办法	2007 年安监总局令第 77 号	2007 年 11 月 30 日国家安全监管总局令第 15 号公布，根据 2015 年 4 月 2 日国家安全监管总局令第 77 号修正	第八章
2	中央企业安全生产监督管理暂行办法	2008 年国资委令第 21 号		第十章
3	安全生产培训管理办法	2015 年安监总局令第 80 号	2012 年 1 月 19 日国家安全监管总局令第 44 号公布，根据 2013 年 8 月 29 日国家安全监管总局令第 63 号第一次修正，根据 2015 年 5 月 29 日国家安全监管总局令第 80 号第二次修正	第十四章
4	生产经营单位安全培训规定	2015 年安监总局令第 80 号	2006 年 1 月 17 日国家安全监管总局令第 3 号公布，根据 2013 年 8 月 29 日国家安全监管总局令第 63 号第一次修正，根据 2015 年 5 月 29 日国家安全生产监管总局令第 80 号第二次修正	
5	特种作业人员安全技术培训考核管理规定	2015 年安监总局令第 80 号	2010 年 5 月 24 日国家安全监管总局令第 30 号公布，根据 2013 年 8 月 29 日国家安全监管总局令第 63 号第一次修正，根据 2015 年 5 月 29 日国家安全监管总局令第 80 号第二次修正	
6	特种设备作业人员监督管理办法	2011 年质检总局令第 140 号	2005 年 1 月 10 日国家质量监督检验检疫总局令第 70 号公布，根据 2011 年 5 月 3 日《国家质量监督检验检疫总局关于修改〈特种设备作业人员监督管理办法〉的决定》修订	
7	工作场所职业卫生监督管理规定	2012 年安监总局令第 47 号		
8	生产安全事故应急预案管理办法	2016 年安监总局令第 88 号		
9	电力监控系统安全防护规定	2014 年发改委令第 14 号		
10	电力建设工程施工安全监督管理办法	2015 年发改委令第 28 号		第十一章